短视频制作

主　编　刘　琳　吴　娜　吕　猛
副主编　韩乃丽　孙　伟
参　编　张　波　侯　美　王　晗
　　　　　　刘　燚　刘文丽　张　峰

北京理工大学出版社
BEIJING INSTITUTE OF TECHNOLOGY PRESS

内容简介

本书立足于短视频行业从业人员以及零基础短视频制作爱好者的应用需求，以Premiere为主要剪辑制作工具，剪映为辅助剪辑工具，突出"以应用为主线，以技能为核心"，搭建"基础+实践+综合"三大模块。基础模块中含认识剪辑与实用剪辑共6个典型工作任务，以"情境说明+任务分析与目标+任务实施+关键技术+检查评价"的架构详细介绍了短视频剪辑制作的基本操作；实践模块、综合模块精选真实工作项目，6个项目难度螺旋升级、风格类型不同，辅以技能拓展、素质拓展、技能测试、学思践悟，内容安排循序渐进，理论与实践结合，多种剪辑软件制作技能全覆盖，做、学、评、测、思完美闭环。于任务与项目中传扬传统文化，宣传最美家乡，感受创新科技，展示精彩生活，厚植文化自信。本书可供有志于从事短视频行业的读者自学使用，也可作为零基础短视频制作爱好者增长知识、提升能力的普及性读物。

版权专有　侵权必究

图书在版编目（CIP）数据

短视频制作 / 刘琳, 吴娜, 吕猛主编. -- 北京：北京理工大学出版社, 2025. 1.
ISBN 978-7-5763-4738-8

Ⅰ. TN948.4

中国国家版本馆CIP数据核字第2025CM8506号

责任编辑：杜　枝	文案编辑：杜　枝
责任校对：周瑞红	责任印制：施胜娟

出版发行 /	北京理工大学出版社有限责任公司
社　　址 /	北京市丰台区四合庄路 6 号
邮　　编 /	100070
电　　话 /	（010）68914026（教材售后服务热线）
	（010）63726648（课件资源服务热线）
网　　址 /	http：//www.bitpress.com.cn
版 印 次 /	2025 年 1 月第 1 版第 1 次印刷
印　　刷 /	定州市新华印刷有限公司
开　　本 /	889 mm × 1194 mm　1/16
印　　张 /	14
字　　数 /	290 千字
定　　价 /	89.70 元

图书出现印装质量问题，请拨打售后服务热线，负责调换

前言 PREFACE

在新媒体时代，短视频凭借其卓越的优势和独特吸引力，有机地将社交互动、移动网络技术和碎片化信息处理集聚于一身。它不仅成为人们获取新闻资讯、分享生活瞬间的首要舞台，还在移动互联网领域内，日益成为流量竞争和商业价值转化的核心战场。

党的二十大提出了创新驱动发展战略与文化产业兴盛的重要性，而短视频作为这一战略与文化潮流的领航者，正凭借其巨大的影响力和无限的潜能，引领着信息传播的新风尚，彰显了数字时代文化创新的蓬勃生机与丰硕成果。

短视频行业的快速发展，使得企业对短视频策划、拍摄、剪辑、运营等人才的需求逐步加大。编者团队在针对短视频行业发展现状、企业短视频制作岗位能力需求，以及当前主流短视频制作工具使用情况调研的基础上，以习近平新时代中国特色社会主义思想为指导，贯彻落实党的二十大精神，有针对性地设计并编写了本书。

本书立足于短视频行业从业人员以及零基础短视频制作爱好者的应用需求，以Premiere为主要剪辑制作工具，剪映为辅助剪辑工具，突出"以应用为主线，以技能为核心"，搭建"基础 + 实践 + 综合"三大模块。

基础模块中含认识剪辑与实用剪辑共6个典型工作任务，以"情境说明 + 任务分析与目标 + 任务实施 + 关键技术 + 检查评价"的架构详细介绍了短视频剪辑制作的基本操作；实践模块、综合模块精选真实工作项目，6个项目难度螺旋升级、风格类型不同，辅以技能拓展、素质拓展、技能测试、学思践悟，内容安排循序渐进，理论与实践结合，Adobe Premiere、剪映等多种剪辑软件制作技能全覆盖，做、学、评、测、思完美闭环。于任务与项目中传扬传统文化，宣传最美家乡，感受创新科技，厚植文化自信。

本书面向所有关注短视频制作的人群，适合有志于提升短视频制作能力的使用者阅读与参考。我们希望，它不仅能作为一本工具书，也能在创作过程中为读者带来灵感与方法的支持。尽管我们在编写过程中力求精益求精，但书中难免有疏漏之处，欢迎广大读者在使用过程中提出宝贵建议，以助我们持续改进和完善后续版本。

编　者

目录 CONTENTS

1 基础模块 1

  项目一 认识剪辑 3

    1.1 基础知识 3

    1.2 知识拓展 10

    1.3 知识测试 10

  项目二 实用剪辑 11

    2.1 基本处理 11

    2.2 视频过渡 21

    2.3 视频效果 34

    2.4 声音处理 51

    2.5 信息保护 59

    2.6 检查评价 65

    2.7 技能测试 68

2 实践模块 ……………………………………………… 79

项目一 非遗类短视频制作——莱芜锡雕 …………………… 81
- 1.1 项目导入 ……………………………… 81
- 1.2 项目实施 ……………………………… 82
- 1.3 项目评价 ……………………………… 93
- 1.4 项目总结 ……………………………… 93
- 1.5 关键技能 ……………………………… 94

项目二 风景名胜类短视频制作——琵琶泉 ………………… 100
- 2.1 项目导入 ……………………………… 100
- 2.2 项目实施 ……………………………… 101
- 2.3 项目评价 ……………………………… 113
- 2.4 项目总结 ……………………………… 113
- 2.5 关键技能 ……………………………… 114

项目三 传统文化类短视频制作——二十四节气之立春 …… 116
- 3.1 项目导入 ……………………………… 116
- 3.2 项目实施 ……………………………… 117
- 3.3 项目评价 ……………………………… 127
- 3.4 项目总结 ……………………………… 128
- 3.5 关键技能 ……………………………… 129

3 综合模块 ········ 141

项目四 科普类短视频制作——脑机接口 ········ 143
  4.1 项目导入 ········ 143
  4.2 项目实施 ········ 145
  4.3 项目评价 ········ 159
  4.4 项目总结 ········ 160
  4.5 关键技能 ········ 161

项目五 宣传类短视频制作——明水古城·古今交融 ········ 165
  5.1 项目导入 ········ 165
  5.2 项目实施 ········ 167
  5.3 项目评价 ········ 182
  5.4 项目总结 ········ 183
  5.5 关键技能 ········ 184

项目六 公益推广类短视频制作——《光明的未来》MV ········ 187
  6.1 项目导入 ········ 187
  6.2 项目实施 ········ 189
  6.3 项目评价 ········ 205
  6.4 项目总结 ········ 206
  6.5 关键技能 ········ 207

1 基础模块

Premiere 作为一款流行的非线性视频编辑处理软件，在短视频后期制作领域应用广泛。它拥有强大的视频编辑能力和灵活性，易学且高效，可以充分发挥使用者的创造能力和创作自由度。本模块将介绍 Premiere 短视频制作入门知识与短视频实用制作技能，包括短视频剪辑制作流程、常用剪辑软件介绍、镜头的组接、转场与特效、声音的处理、字幕的处理、信息保护等，以帮助同学们理解并掌握短视频后期剪辑制作的基本方法与技巧。

素养目标

1. 在素材选用与拍摄上注意保护他人隐私及敏感信息；
2. 正确看待短视频，不盲目崇拜网络"达人"，杜绝拜金主义等错误价值观；
3. 遵守短视频平台的规则，不制作与发布损害国家和人民利益、影响社会和谐的短视频，自觉维护网络空间的健康与和谐。

知识目标

1. 了解短视频剪辑的目的；
2. 掌握短视频剪辑的流程；
3. 熟悉常见的短视频制作软件和短视频平台。

能力目标

1. 了解短视频发布的基本方法；
2. 能描述应用 Premiere 进行视频剪辑的基本流程；
3. 能应用 Premiere 剪辑软件对短视频素材进行基本的音画特效、转场设计及字幕处理。

项目一　认识剪辑

短视频主要是指时长在 5 分钟以内，通过图像、声音传达具有一定主题或内容的视频。在新媒体时代，由于短视频具有更灵活的观看场景、更高的信息密度、更强的传播和社交属性、更低的观看门槛，所以其娱乐价值与营销价值得到人们的广泛认可。短视频的创作不仅包括前期拍摄，还包括后期剪辑。只有经过合理的剪辑处理，才能制作出高质量、高水平的短视频作品。

1.1　基础知识

1.1.1　短视频的特点

短视频的概念是相对长视频而言的。长视频主要是由相对专业的公司制作完成的，其代表是电影、影视剧等，其特点是投入大、成本高和制作周期长。

长视频与短视频的对比如表 1-1-1 所示。

表 1-1-1　长视频与短视频的对比

分类	长视频	短视频
使用时间	集中时间、长时段	碎片化时间
内容领域	电影、影视剧	范围广
传播属性	以线性传播为主、速度较慢	以裂变性传播为主、速度较快
制作特点	投入大、成本高、周期长	投入小、成本低、周期短

相较于传统视频，短视频主要具有以下四大特点：

1. 传播和生产碎片

短视频由于时长较短、内容相对完整、信息密度较大，因此能在碎片化的时间内持续不断地刺激用户，契合大众碎片化娱乐和学习的需求。

2. 获取信息的成本低

对内容消费者而言，短视频的形式可以使其获取信息的成本更低，仅利用闲暇的碎片时间就能看完一个短视频。

短视频的内容几乎涵盖了所有领域，这些内容会让人忍不住一直观看，这种观看短视频的方式可以算是一种娱乐，而且几乎不需要任何成本。除了娱乐，短视频还能满足被尊重的心理需求。人们发布的评论或短视频，可能会获得很多人的点赞。很多人会因为被点赞而产生一种被认可、被尊重的感觉。

3. 传播速度快，社交属性强

短视频具有较强的互动性。我们经常可以看到，有一个话题或音乐"火"了，就会有很多用户模仿其拍摄相关的短视频，并且经常出现创作者和用户在短视频下方互动的情况，甚至一度成为热点话题。但是，在模仿拍摄相关短视频时一定要注意版权保护，如果将原创的音乐或内容直接拿来使用，就可能会涉及侵权。短视频平台和自媒体平台是一样的，系统会根据视频内容进行算法计算，将其推送给相应的用户观看，完全不用担心流量问题。

4. 生产者与消费者之间界限模糊

在短视频领域，"每个人都是生活的导演"这句广告语其实并不夸张，如今的微博、快手、抖音平台已经成为很多人的另一个主场，生活就是"舞台"。在观看的同时，观看者也有可能转换身份，成为创作者。

1.1.2 剪辑的目的

随着移动互联网的普及和社交媒体的崛起，短视频市场呈现出巨大的需求，推动了短视频剪辑技术的不断发展。人工智能、虚拟现实等技术的进步使视频剪辑软件更加智能化和便捷，让用户可以轻松上手，实现剪辑、特效处理以及音视频合成等操作。短视频剪辑将迈向更高程度的个性化和多样化，让创作者能够更便捷地施展创意，为观众带来丰富多彩的视频内容。

在拍摄完视频素材后，紧接着进入视频后期处理阶段，即剪辑环节。剪辑并非仅仅是对视频素材进行简单的裁剪和拼接，而是对视频制作过程中所拍摄的大量素材进行选择、取舍、分解与组接，最终塑造出一个连贯流畅、内涵明确、主题鲜明且具有艺术感染力的作品。剪辑既是影片制作工艺过程中不可或缺的环节，也是影片艺术创作过程中的最后一次再创作。视频剪辑的目的多样，下面列举一些常见目的：

（1）故事叙述：视频剪辑的核心目的之一是讲述连贯的故事或传达特定信息。通过合理地剪辑和组织镜头、音频、文本等元素，创作出一个引人入胜的故事，使观众更好地理解和体验其中的情感。例如，在电影、电视剧、纪录片的制作中，剪辑师需根据剧本和导演的要求，将大量拍摄素材整合成富有张力和情感冲击力的故事。

（2）娱乐休闲：娱乐休闲类视频剪辑旨在为观众带来愉悦和轻松的感受。如音乐视频、搞笑短片、游戏视频等，剪辑师需运用创新思维和技巧，将有趣或令人印象深刻的内容精彩呈现，满足观众的审美需求。

（3）信息传递：视频剪辑作为一种教育或信息传递工具，在教育视频、公司宣传片、产品介绍视频等领域具有重要意义。通过剪辑，有效传达重要信息和知识，为观众提供互动性和可视化的学习方式。

（4）营销推广：视频剪辑在营销和广告领域具有重要意义。运用剪辑技巧制作出吸引人的广告宣传片，突出产品或品牌特点及优势，吸引观众关注并促使其采取行动。

（5）情感表达：视频剪辑有助于传达情感。如音乐视频、个人短片等，通过剪辑技巧引发观众的情感共鸣，唤起他们的情感体验和回忆。

（6）创意展现：视频剪辑是实现创意想法和艺术表达的关键途径。剪辑可改变时间、空间、音频等元素，艺术家和创作者借此创造独特效果和视觉冲击，展示创意才华。

视频剪辑作为影片制作过程中不可或缺的环节，具有多样化的目的和广泛的应用领域。剪辑师在创作过程中，需充分挖掘剪辑的艺术价值和技巧，将各类影像、声音和文本元素融合，以实现情感共鸣、传递信息和表达创意。在数字化时代，视频剪辑将继续发挥其独特魅力，为影视、广告、教育等领域注入无限创意与活力。

1.1.3　剪辑的流程

在对大量且繁杂的视频素材进行整理并按流程处理的过程中，能够显著缩短剪辑时间，提升工作效率。在影视剧拍摄过程中，专业的场记人员会详细记录每天的拍摄进展。同样，这一方法也可应用于短视频制作上，记录每次拍摄的具体内容。这样一来，在整理素材时，制作者便可避免因海量素材而感到迷茫无措。

在进行剪辑工作之前，剪辑师往往会预先浏览手中的视频素材，依据视频脚本、画面构图等标准，筛选出最适合的素材并进行分类和标记。这一步骤的完成有助于确保剪辑工作的有序开展，并保障后续剪辑过程的高效推进。一般来说，视频剪辑流程可分为顺片、粗剪和精剪三个阶段。

1. 顺片：按序整合陈列素材

在顺片阶段，核心任务是根据分镜头剧本或故事线，将预先筛选出的镜头有序地组合呈现，确保镜头的连贯性；剪辑师可针对不同场景和角色，合理分配镜头时长。尽管此时的视频版本显得相对简略，但整体框架已初步确立。顺片如图1-1-1所示。

图1-1-1　顺片

2. 粗剪：构建视频故事框架

在粗剪阶段，剪辑师依据故事呈现形式对素材片段的顺序和时长进行调整。首先，明确故事的基本架构，包括起始、高潮及结尾三个核心环节。在此基础上，合理划分段落，根据情节对视频素材进行二次筛选，确保画面内容与故事主题紧密相关，并可设定视频的整体节奏，以打造更富戏剧性的叙事效果。完成这些步骤后，视频的基本结构即初步确立。粗剪如图1-1-2所示。在此阶段，剪辑师可根据画面表现对视频整体节奏、画面缩放等手法进行微调，并对部分素材进行必要的提升速度处理，以优化视觉效果。（扫码看粗剪效果）

二维码

图1-1-2　粗剪

3. 精剪：确保视频终极品质

精剪阶段是在粗剪阶段的基础上对视频内容进行更为精细的调整与优化，涵盖镜头的增减、画面时长与节奏的调整、转场过渡流畅度的把控等方面，同时涉及画面构图调整、视觉特效添加以及音频音效处理。在精剪过程中，需仔细审视每个镜头的表现力，把控画面间的景别、色调、构图等元素，保证画面和谐统一；精心设计和恰当选用转场效果、音频等因素，使画面流畅自然，为观众带来全方位的视听享受。图1-1-3和图1-1-4展示了进行精剪时的轨道画面。

图1-1-3　精剪（一）

图1-1-4　精剪（二）

精剪阶段完成之后，基本上不会对视频再做调整，这一版就接近于视频的最终版本了。（扫码看精剪效果）

掌握剪辑流程对于视频创作者来说至关重要。通过科学合理的剪辑方法，可以有效提高工作效率，缩短剪辑时间，为创作者节省更多精力去挖掘创意、提升作品质量。只要深入理解并熟练运用剪辑流程，就能在视频制作领域脱颖而出，成为备受瞩目的行业佼佼者。

1.1.4 常用剪辑软件

在信息技术飞速发展的今天，视频制作已经成为一种重要的交流和表达方式。从影视剧到短视频，从新闻报道到商业广告，我们生活中无处不在的视频内容都离不开视频剪辑这个环节。因此，选择一款高效、易用的视频剪辑软件显得尤为重要。各个平台依据自身特色，竞相推出独具特色的剪辑软件，如 Premiere、会声会影、剪映、快影、必剪等。尽管这些剪辑软件在基本功能上相似，但它们依然在各自特色方面有所差异，以契合不同平台的主题。

在短视频制作领域，电脑端的视频剪辑软件相对来说更专业，功能也更强大，比较常用的剪辑软件是 Premiere。Premiere 是一款重量级的非线性视频编辑处理软件，它为用户提供了素材采集、剪辑、调色、音频美化、字幕添加、输出等一整套流程，编辑方式简便且实用，操作界面简洁明了，易于上手。Premiere 操作界面如图 1-1-5 所示。

Premiere 充分满足广大创作者对时尚与个性化的追求，充分了解现代影视潮流，提供了丰富的特效和模板，以及大量时尚的预设效果，涵盖影视、游戏、动漫等多个领域，满足不同主题的创作需求。Premiere 被广泛应用于影视后期制作、电视节目制作、自媒体视频制作、广告制作、视觉创意等领域。

Premiere 可以与 Adobe 公司旗下的多款软件无缝结合，极大地简化了工作流程，并提高了工作效率。其强大的协同功能，让团队协作更加高效；智能化的音频处理，让声音与画面完美融合；多平台的兼容性，让创作无处不在。

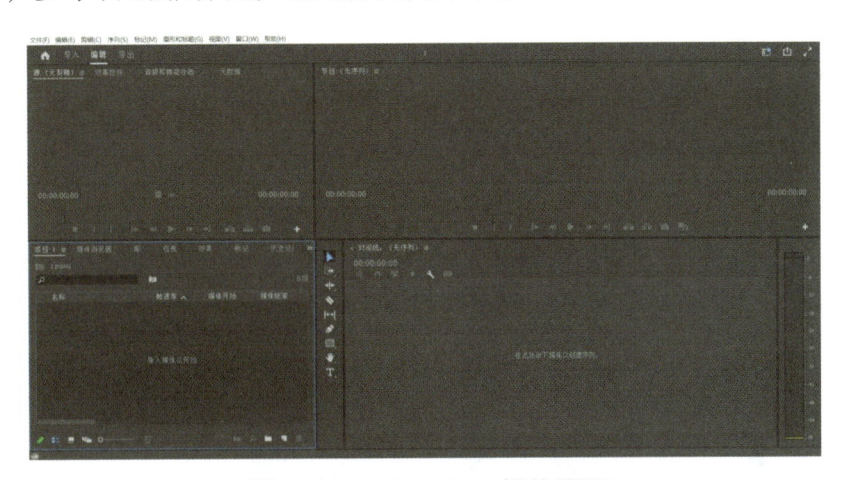

图 1-1-5　Premiere 操作界面

剪映（Capcut）作为一款手机端剪辑软件，其功能强大、操作简便。它适用于各类安卓和 iOS 设备，为用户提供了丰富的剪辑功能和特效，其图标简洁、操作界面直观（如图 1-1-6 所示），应用操作简便，上手迅速，无论是初学者还是专业制作人，剪映都能满足他们的剪辑需求。随着版本的持续更新，除了基础的剪辑功能，剪映还新增了设置关键帧、调整变速曲线等高级功能，以满足各类剪辑需求。剪映拥有多样化的剪辑功能、丰富的素材库，为创作者提供了丰富多彩的转场特效、音频音效以及各类创作模板，提供了便捷的字幕制作与导入功能，如图1-1-7所示。剪映极大地节省了视频制作时间，提升了视觉体验。

图1-1-6　剪映界面　　图1-1-7　剪映文字模板界面

剪映为用户呈现了"创作课程"板块，涵盖视频剪辑、账户运营、流量变现等专业教程。该板块汇集了剪映官方发布的App教学、多位知名专家的系统性教学课程，以及个人分享的剪辑小技巧，如图1-1-8所示。

图1-1-8　剪映创作界面

除了手机 App，剪映还推出了电脑端的剪映专业版（见图 1-1-9）和网页版（见图 1-1-10）的在线视频编辑器，只需登录同一账号，将视频素材上传至云端，用户便可以在多个平台上进行剪辑。

图 1-1-9　剪映专业版操作界面

图 1-1-10　剪映网页版操作界面

在使用剪映、快影和必剪等剪辑应用程序时，创作者可以轻松一键将作品分享到抖音、快手、微博等平台，实现作品的传播与互动，如图 1-1-11 所示。

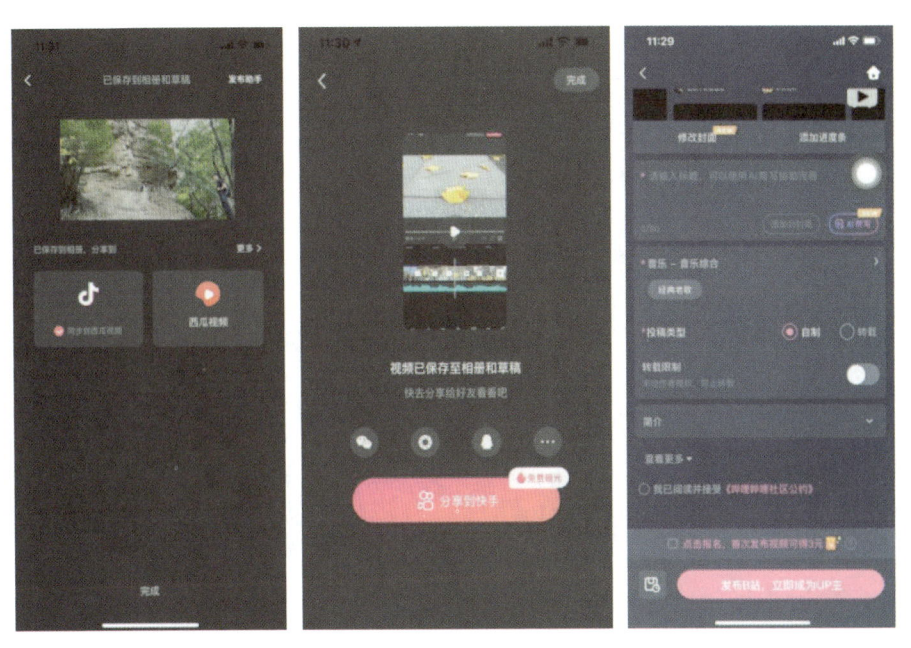

图 1-1-11　平台一键分享界面

1.2 知识拓展

在进行视频剪辑时，获取免费视频和音频素材的途径多样。常见的方法包括访问免费素材网站，如 YouTube 的素材库、SoundCloud、Pexels、Pixabay 和 Unsplash 等平台提供了丰富的高品质视频片段和音频文件，供用户免费下载和使用。同时，许多视频编辑软件和应用，如 Adobe Premiere Pro、Final Cut Pro 等自带免费的视频和音频素材库。此外，如 Vimeo 的 Creative Commons 区域或 Reddit 上的特定板块类的创意共享平台，也是获取免费素材的优质渠道。在这些平台上，创作者分享作品，并在遵循特定规则的前提下，同意他人免费使用。

在使用这些免费素材时，务必审查其授权方式和使用条款，确保合法使用。

1.3 知识测试

1. 视频剪辑流程一般分为（　　）、（　　）、（　　）三个阶段。

2. 在粗剪阶段，剪辑师要确定故事的大框架，包括（　　）、（　　）、（　　）三个关键节点。

3. 精剪阶段包括（　　）的增减、（　　）时长和（　　）的调整、转场过渡流畅度的把控等，甚至还要对某些画面构图进行（　　）、（　　）、（　　），这些都是这一阶段需要进行的工作。

项目二　实用剪辑

2.1　基本处理

2.1.1　任务情境

百脉泉，济南五大泉群之一，与趵突泉齐名，素有"西则趵突为魁，东则百脉为冠"之说，在七十二名泉中位列第二，千古第一才女李清照就诞生在这里。百脉泉钟灵毓秀，清澈如镜，群潮起伏，奔腾不息，仿佛是大自然的交响乐，让人心旷神怡。百脉泉群，群泉鼎沸，汇流成湖，杨柳染烟，画廊奇阁，宛如画卷，不仅拥有得天独厚的自然条件和丰富的历史文化资源，更能让游客体验到清凉泉水和江南园林的美景。

《百脉泉韵》短视频样片如图 1-2-1~ 图 1-2-3 所示。

图 1-2-1　样片片头

图 1-2-2　样片主片

图 1-2-3　样片片尾

扫码看样片

2.1.2 任务分析与目标

任务描述	《百脉泉韵》短视频，以泉为媒，让我们认识百脉，感受泉水奔涌的魅力，引领我们穿越美丽的自然风光，感受大自然的力量。 通过短视频制作，熟悉短视频的基本构成元素——画面、音乐和节奏，掌握短视频的构成及制作流程		
学习目标	素养目标	1. 通过搜集整理百脉群泉素材，感悟家乡美景； 2. 通过对素材的精剪培养注重细节、精益求精的职业意识
	知识目标	1. 了解常见的视频制式； 2. 熟悉常用的视频、音频、图像文件格式； 3. 掌握短视频的构成要素； 4. 掌握短视频的制作流程
	能力目标	1. 能够创建 Premiere 项目； 2. 能够熟练导入视频、序列、psd 图像素材； 3. 能够进行素材的裁剪； 4. 能够实现视频的加速和减速； 5. 能够使视频画面与音频节奏保持一致； 6. 能够正确导出视频； 7. 能够实现横屏竖屏转换
能力标准	新媒体编辑职业技能等级要求（初级）标准： 1.1.3 能将搜集的资料分类保存； 1.1.4 能对素材进行整合及规范命名； 3.2.3 能使用 Premiere 等软件对视频进行裁切、组合以及提取。 全国职业院校技能大赛"短视频制作"赛项竞赛标准： 文件夹建立符合要求，文件夹内文件完整、准确		
计划学时	6 学时		

2.1.3 任务实施

任务1 整理素材

Step01 整理视频素材。在"我的电脑"D盘创建"百脉泉韵"文件夹。双击打开文件夹，创建"视频"文件夹，将短视频制作需要用到的视频复制到文件夹内。

Step02 整理音频素材。在"百脉泉韵"文件夹中创建"音频"文件夹，将短视频制作需要用到的音频复制到文件夹内。

Step03 整理序列、psd素材。在"百脉泉韵"文件夹中创建"图像"文件夹，将短视频制作需要用到的"小鸟序列"文件夹和"logo.psd"图像文件复制到文件夹内。

扫码看微课

任务2　制作短片

Step01　创建项目。双击桌面"Adobe Premiere Pro 2022"快捷图标，启动 Premiere，单击界面左侧的"新建项目"按钮，弹出"新建项目"对话框。在"名称"文本框中输入"百脉泉韵"，单击"浏览"按钮，选择项目保存的位置，单击"确定"按钮，进入 Premiere 工作界面。

Step02　导入素材。

（1）单击"项目"面板空白处，在快捷菜单中选择"导入"命令，打开"导入"窗口，选择"百脉泉韵"文件夹中的"视频""音频""图像"文件夹，单击窗口底部"导入文件夹"命令，导入视频、音频、图像文件夹及素材。

（2）双击"项目"面板，打开"导入"窗口，选择"百脉泉韵"文件夹中的"logo.psd"文件，单击"打开"按钮，弹出"导入分层文件"对话框，选择"合并所有图层"，单击"确定"按钮，导入 psd 素材。"导入分层文件"对话框如图 1-2-4 所示。

（3）双击"项目"面板，打开"导入"窗口，选择"百脉泉韵"文件夹中的"小鸟序列"文件夹，单击"打开"按钮，打开"小鸟序列"文件夹，选择第一个文件"end_bird_00000"，勾选下面的"图像序列"复选框，单击"打开"按钮，导入"小鸟序列"素材。"导入序列"窗口如图 1-2-5 所示。

图 1-2-4　"导入分层文件"对话框　　　图 1-2-5　"导入序列"窗口

Step03　新建序列。在"项目"面板空白处单击鼠标右键，在快捷菜单中选择"新建项目→序列"命令（或使用快捷键"Ctrl+N"），弹出"新建序列"对话框，在"设置"选项卡中，选择编辑模式为"自定义"，设置时基为"60 帧/秒"，帧大小为水平 1920、垂直 1080，场为"无场（逐行扫描）"，像素长宽比为"方形像素"，音频采样率为"48000 Hz"，单击"确定"按钮，完成序列创建。序列创建参数设置如图 1-2-6 所示。

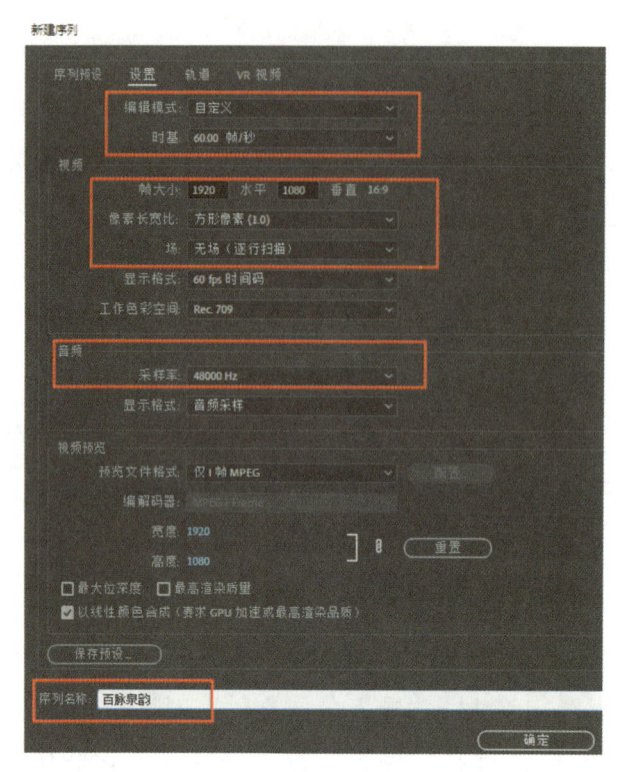

图 1-2-6　序列创建参数设置

Step04　制作视频。

（1）按住鼠标左键将视频"片头素材.mp4"拖入"V1"视频轨道，作为短视频片头。用鼠标按住时间轴底部滑杆任意一端的圆点，向左拖拽，放大时间轴的区间，便于观察和操作。用鼠标右键单击轨道上的"片头素材.mp4"，在快捷菜单中选择"取消链接"，取消音视频链接。选择"A1"音频轨道，按"Delete"键将音频删除。"取消链接"快捷菜单如图1-2-7所示。

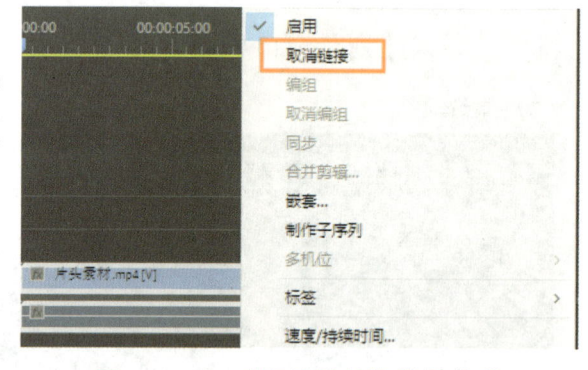

图 1-2-7　"取消链接"快捷菜单

（2）按住鼠标左键将视频"登台阶.mp4"拖入"VI"视频轨道，拼接在"片头素材.mp4"之后。按住鼠标左键拖动时间轴滑块到13秒41帧处，单击选择剃刀工具，在"V1"视频轨道时间线处单击，将视频分割，单击选择时间线前面部分，按"Delete"键裁切掉前面多余部分视频。在时间码框中输入"00：00：17：36"，单击选择"剃刀"工具，裁剪掉后面多余部分，将裁剪好的素材拼接到"片头素材"之后。用鼠标右键单击素材，在快捷菜单中选择"取消链接"，取消音视频链接，单击"A1"轨道的音频素材，按"Delete"键删除。时间轴面板及工具箱如图1-2-8所示。

图 1-2-8　时间轴面板及工具箱

（3）在"项目"面板搜索"巷子.mp4"素材，双击使其在源面板显示，在 4 秒 5 帧处单击"标记入点"按钮，在 25 秒 11 帧处单击"标记出点"按钮，按住鼠标左键将源面板裁剪好的视频素材拖入"V1"视频轨道。在"V1"视频轨道用鼠标右键单击"巷子.mp4"素材，在快捷菜单中选择"取消链接"，使音频分离，单击音频，按"Delete"键删除。用鼠标右键单击"巷子.mp4"素材，在快捷菜单中选择"持续时间"，将持续时间修改为 5 秒 13 帧，实现素材加速效果。在源面板标记入点如图 1-2-9 所示，在源面板标记出点如图 1-2-10 所示，"速度/持续时间"快捷菜单如图 1-2-11 所示。

图 1-2-9　在源面板标记入点

图 1-2-10　在源面板标记出点 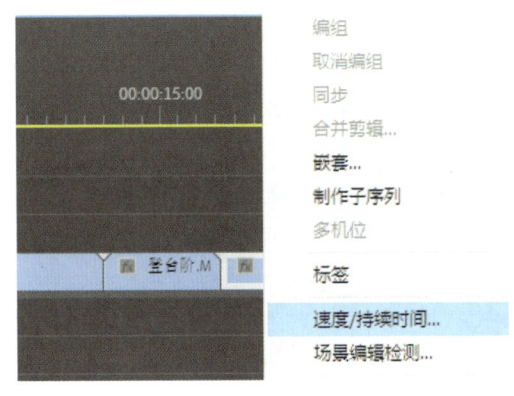　　　图 1-2-11　"速度/持续时间"快捷菜单

（4）按住鼠标左键将视频"大宅.mp4"拖入"V1"视频轨道，拼接在"巷子.mp4"之后。在时间轴面板时间码框中输入"00：00：24：40"，将鼠标放在素材起始处，此时鼠标会变成红色裁剪箭头，拖动鼠标到时间线处，拖动素材与"巷子.mp4"拼接。用鼠标右键单击素材，在快捷菜单中选择"取消链接"，取消音视频链接，单击A1轨道的音频素材，按"Delete"键删除。按住鼠标左键拖动裁剪如图1-2-12所示。

图1-2-12 按住鼠标左键拖动裁剪

（5）灵活应用（2）、（3）、（4）的操作方法，对后面的视频素材进行裁剪和拼接。视频拼接顺序和持续时间如表1-2-1所示。

表1-2-1 视频拼接顺序和持续时间

素材名称	起始时间	终止时间
清泉洗心.mp4	00：00：00：33	00：00：03：57
李清照.mp4	00：00：00：12	00：00：02：22
金镜泉.mp4	00：00：00：31	00：00：07：05
漱玉泉.mp4	00：00：00：10	00：00：04：51
泉口.mp4	00：00：02：45	00：00：13：42
游鱼群.mp4	00：00：00：20	00：00：07：45
芦苇丛.mp4	00：00：11：12	00：00：15：07
小亭子.mp4	00：00：01：08	00：00：06：38
湖林.mp4	00：00：03：00	00：00：11：04
鸭子打水漂.mp4	00：00：02：21	00：00：08：21
片尾素材	不裁剪	不裁剪

（6）返回时间轴起始处，在"项目"面板搜索音频素材，拖入"A1"音频轨道，在时间轴面板时间码框中输入"00：01：25：44"，使用"剃刀"工具裁剪掉后面不需要的

音频。依次选择"效果面板→音频过渡→交叉淡化→指数淡化",按住鼠标左键拖动该效果添加至背景音乐结束处,在"A1"音频时间轴上用鼠标右键单击该效果,在快捷菜单中选择"设置过渡持续时间",设置持续时间为 2 秒。效果面板如图 1-2-13 所示,音频效果快捷菜单如图 1-2-14 所示。

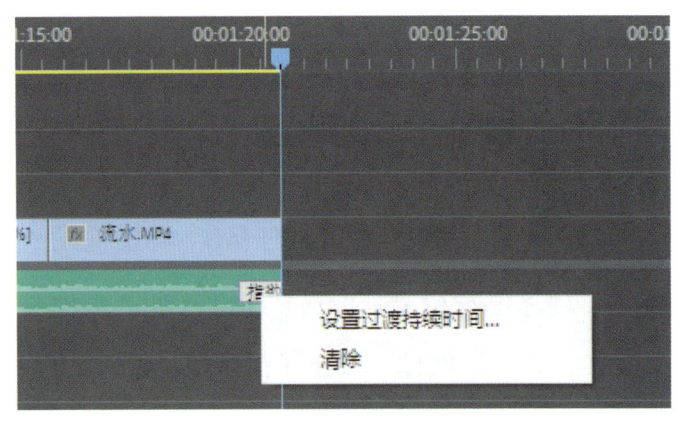

图 1-2-13 效果面板

图 1-2-14 音频效果快捷菜单

(7)在时间轴面板时间码框中输入"00:00:11:59",在项目面板中,按住鼠标左键拖入"logo.psd"素材到"V2"视频轨道时间线处,按住鼠标左键拖动素材接触点到视频结尾处,与"V1"轨道视频结尾对齐。在"效果控件"面板中,设置 psd 素材的位置为 X 轴 120、Y 轴 990,缩放 40,"效果控件"面板参数设置如图 1-2-15 所示。

图 1-2-15 "效果控件"面板参数设置

(8)在"时间轴"面板的时间码框中输入"00:00:11:59",在"项目"面板中,按住鼠标左键拖入"end_bird_00000.png"序列帧素材到"V3"视频轨道,在时间码框中输入"00:00:13:33",单击选择剃刀工具进行裁剪,在"时间码框"中输入"00:00:17:28",单击选择"剃刀"工具进行裁剪,将素材前面和后面多余部分删除。

按住鼠标左键拖动素材，起始处与 psd 素材起始处对齐。在"效果控件"面板中，设置序列帧素材的位置为 X 轴 340、Y 轴 –60。时间轴素材排列如图 1–2–16 所示。

图 1–2–16　时间轴素材排列

任务3　导出视频

Step01　选择保存位置。选择菜单"文件→另存为"，输入项目名称为"百脉泉韵"，选择保存位置，单击"保存"按钮保存该项目。

Step02　导出媒体。选择菜单"文件→导出→媒体"（或使用快捷键"Ctrl+M"），弹出"导出设置对话框"，设置格式为"H.264"，设置输出名称"百脉泉韵"及保存位置，勾选"导出视频""导出音频"复选框，视频目标比特率为"20kbps"，音频比特率为"320kbps"，勾选"使用最高渲染质量"，时间插值选择"帧混合"，单击"导出"按钮，导出视频。导出参数设置如图 1–2–17 所示，视频目标比特率设置如图 1–2–18 所示，音频比特率设置如图 1–2–19 所示。

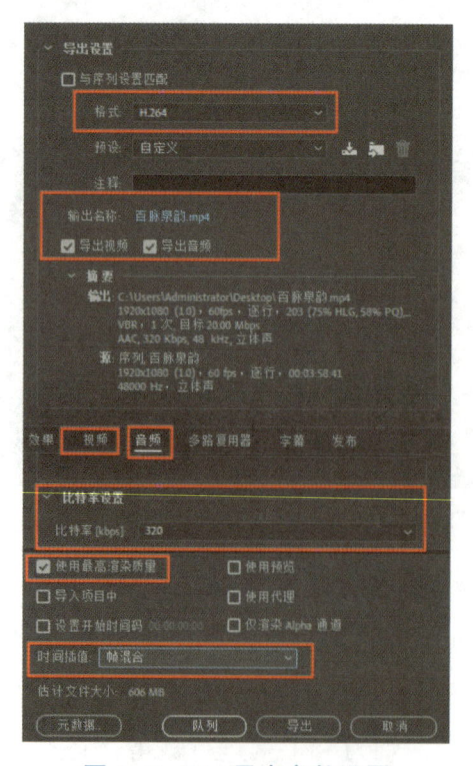

图 1–2–17　导出参数设置

图 1-2-18　视频目标比特率设置　　　　图 1-2-19　音频比特率设置

任务4　横屏变竖屏

Step01　新建项目。双击桌面"Adobe Premiere Pro 2022"快捷图标,启动 Premiere,单击界面左侧的"新建项目"按钮,弹出"新建项目"对话框。在"名称"文本框中输入"横屏变竖屏",单击"浏览"按钮,选择项目保存的位置,单击"确定"按钮,新建项目文件。

Step02　导入横屏视频。双击"项目"面板空白处,将导出后的视频"百脉泉韵.mp4"导入"项目"面板。

Step03　创建竖屏序列。在"项目"面板空白处单击鼠标右键,在快捷菜单中选择"新建项目→序列"命令(或使用快捷键"Ctrl+N"),弹出"新建序列"对话框,在"设置"选项卡中,选择编辑模式为"自定义",设置时基为"60帧/秒",帧大小为水平1080、垂直1920,场为"无场(逐行扫描)",像素长宽比为"方形像素",音频采样率为"48000 Hz",预览文件格式"QuickTime",视频预览宽高度设置为宽度1080、高度1920,单击"确定"按钮,完成序列创建。"横屏变竖屏序列"创建参数设置如图1-2-20所示。

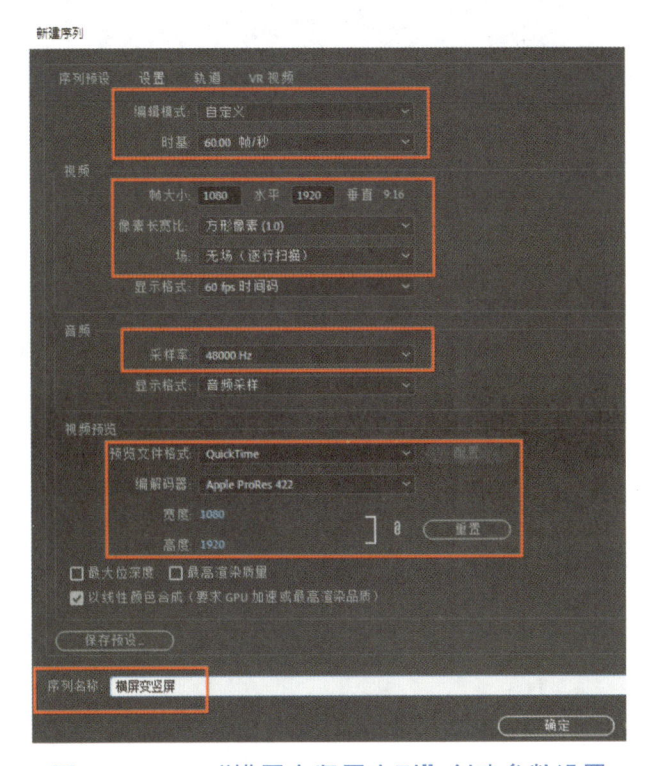

图 1-2-20　"横屏变竖屏序列"创建参数设置

Step04　将素材拖到视频轨道。按住鼠标左键将"项目"面板中的"百脉泉韵.mp4"拖到"V1"视频轨道，弹出"剪辑不匹配"对话框，单击"保持现有设置"按钮，将视频放入"V1"视频轨道。"剪辑不匹配"对话框如图1-2-21所示。

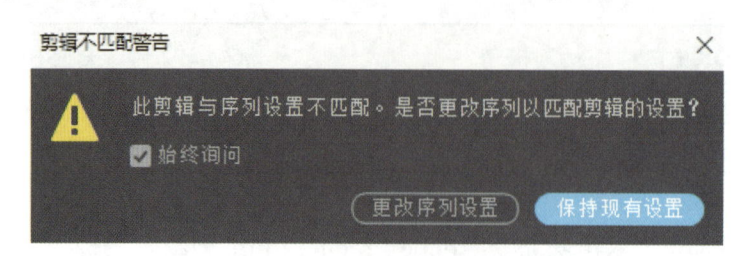

图1-2-21　"剪辑不匹配"对话框

Step05　更改缩放属性。在"V1"视频轨道中单击，选中视频素材，在"效果控件"面板，设置缩放为58。"横屏变竖屏效果控件"面板参数设置如图1-2-22所示。

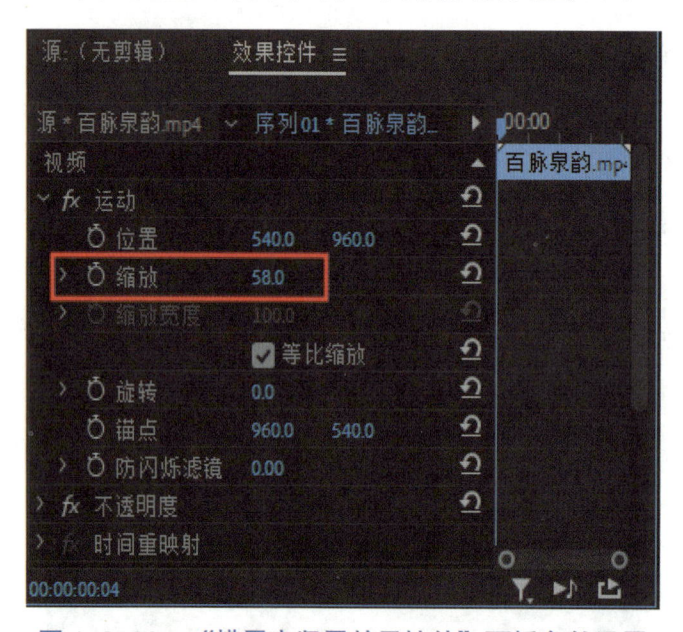

图1-2-22　"横屏变竖屏效果控件"面板参数设置

Step06　制作模糊背景。单击"V1"视频轨道素材，按"Alt"键向上拖动到"V2"视频轨道，实现视频素材复制。选中"V1"视频轨道素材，在"效果控件"面板，设置缩放为180，在"效果控件"面板中搜索"快速模糊"效果，按住鼠标左键拖动该效果到"V1"视频轨道素材。在"效果控件"面板将"快速模糊"的"模糊度"属性调整为40。

Step07　导出竖屏视频。选择菜单"文件→另存为"，输入项目名称，选择文件保存位置，单击"保存"按钮保存文件。使用快捷键"Ctrl+M"，打开"导出设置"对话框，进行参数设置，单击"导出"按钮，导出视频。

2.1.4　知识与技能

在影视制作中会用到视频、音频及图像等素材，在正式学习Premiere软件的操作之前，用户应当对视频编辑的规格、标准有清晰的认识。

2.1.4.1　电视制式

2.1.4.2　常用视频格式

2.1.4.3　常用音频格式

2.1.4.4　常用图像格式

2.1.4.5　素材的导入与管理

2.1.4.6　在源面板中编辑素材

2.1.4.7　创建新序列

2.1.4.8　素材的裁剪

2.1.4.9　视频加速与减速

2.1.4.10　视频导出设置

2.1.4.11　横屏转竖屏

扫码看数字教材

2.2　视频过渡

2.2.1　任务情境

党的二十大报告提出，持续深入打好蓝天、碧水、净土保卫战。我国一直坚持人与自然和谐相处，实现可持续发展，将环境保护作为经济社会发展的重要组成部分。四季之美，也是大自然的恩赐与馈赠，我们应倍加珍惜，让生态环保与四季之美交相辉映，共绘美丽中国画卷，谱写碧水蓝天篇章。

《四季之美》短视频样片如图 1-2-23~ 图 1-2-25 所示。

图 1-2-23　《四季之美》样片镜头（一） 　　图 1-2-24　《四季之美》样片镜头（二）

图 1-2-25　《四季之美》样片镜头（三）

扫码看样片

2.2.2　任务分析与目标

任务描述	视频过渡即视频转场，它主要用于素材与素材之间的画面切换，一般加在两段视频之间，使视频间的过渡更加自然和连贯，同时为短视频添加艺术性。 通过《四季之美》短视频制作，掌握添加视频过渡效果的操作方法，提高综合设置能力，增强短视频的艺术性
学习目标	**素养目标** 1. 增加对自然美的感知能力； 2. 培养审美能力和热爱自然的美好品德 **知识目标** 1. 熟练掌握添加、删除过渡的方法； 2. 熟练掌握设置视频过渡参数、调整过渡时间的方法； 3. 理解视频过渡在短视频过渡中的作用 **能力目标** 1. 能够熟练添加、删除过渡效果； 2. 能够熟练设置视频过渡参数、调整过渡时间； 3. 能够根据主题和素材特点选择合适的转场效果
能力标准	新媒体编辑职业技能等级标准： 3.2.1 能使用互联网搜索需要的视频资源，能下载或者采集需要的视频资源； 3.3.2 能根据需求使用 Premiere 等软件对视频输出指定格式； 3.2.4 能使用剪映、Premiere 等软件制作叠化、淡入淡出、交叉溶解等视频转场效果。 全国职业院校技能大赛"短视频制作"赛项竞赛标准： 镜头运用准确，立意鲜明，画面衔接流畅
计划学时	4 学时

2.2.3　任务实施

任务1　导入素材

Step01　新建项目。双击桌面"Adobe Premiere Pro 2022"快捷图标，启动 Premiere，单击界面左侧的"新建项目"按钮，弹出"新建项目"对话框。在"名称"文本框中输入"四季之美"，单击"浏览"按钮，选择项目保存的位置，单击"确定"按钮，进入"Premiere Pro 2022"工作界面。

Step02　新建序列。执行菜单"文件→新建→序列"命令（或使用快捷键"Ctrl+N"），弹出"新建序列"对话框，在"设置"选项卡中，设置编辑模式为"自定义"、像素名称为"方形像素"、像素长宽比为"1280 像素 ×720 像素"，序列名称为"四季之美"，单击"确定"按钮，如图 1-2-26 所示。

扫码看微课

图 1-2-26 序列设置

Step03 导入素材。执行菜单"文件→导入"命令（或使用快捷键"Ctrl+I"），弹出"导入"对话框，使用"Ctrl+A"快捷键全选该项目的所有素材，单击"打开"按钮，将所有素材导入"项目"面板，如图 1-2-27 所示。

图 1-2-27 "导入"对话框

Step04 将素材拖放到时间轴。按住 Ctrl 键，在"项目"面板中依次选择"片头.mp4""01.mp4""02.mp4""03.mp4""04.mp4"视频素材，将其拖放到"时间轴"面板 V1 视频轨道中的"00∶00∶00∶00"处，所选素材按选择顺序依次排列。"时间线"面板如图 1-2-28 所示。

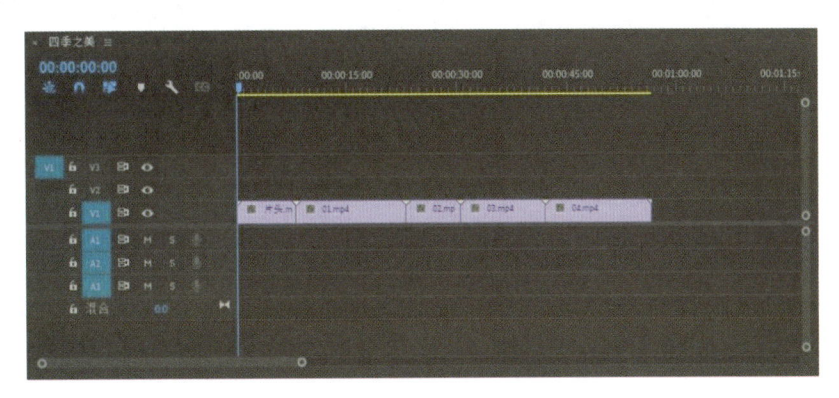

图 1-2-28 "时间线"面板（一）

任务2　为视频添加过渡效果

Step01　添加"淡出"转场效果。在"效果"面板中，单击"视频过渡"文件夹前面的三角形按钮将其展开，然后展开"溶解"文件夹，选择"黑场过渡"，按住鼠标左键将其拖动到"片头.mp4"与"01.mp4"交接处，"黑场过渡"效果如图1-2-29所示。

图1-2-29　"黑场过渡"效果

Step02　添加"交叉溶解"视频过渡效果。在"效果"面板中依次选择"视频过渡→溶解→交叉溶解"，按住鼠标左键将其拖动到"01.mp4"与"02.mp4"之间，"交叉溶解"效果如图1-2-30所示。

图1-2-30　"交叉溶解"效果

Step03　修改"交叉溶解"过渡持续时间。执行菜单"窗口→效果控件"命令，打开"效果控件"面板，在"时间线"面板中单击选中"01.mp4"和"02.mp4"之间的"交叉溶解"视频过渡效果，在"效果控件"面板中修改持续时间为"00：00：02：00"，如图1-2-31所示。

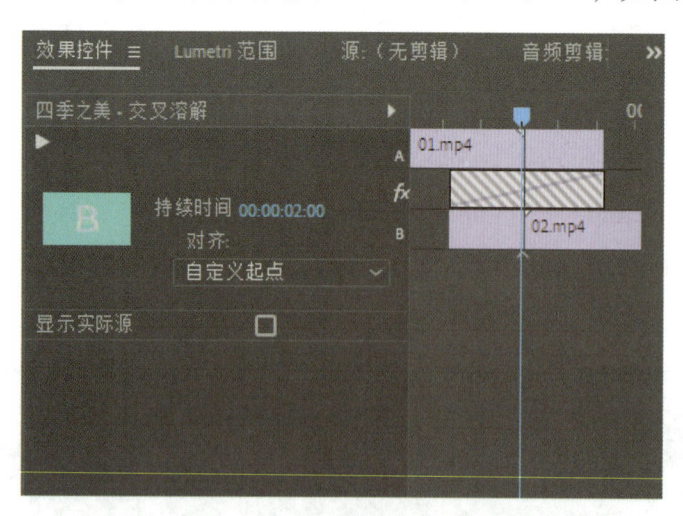

图1-2-31　"交叉溶解"效果控件面板

Step04　添加"VR光线"转场效果。在"效果"面板中依次选择"视频过渡→沉浸式视频→VR光线"，按住鼠标左键将其拖动到"02.mp4"与"03.mp4"之间，效果如图1-2-32所示。

图 1-2-32 "VR 光线"效果

Step05 制作"变速"转场效果。

（1）选择"V1"视频轨道，向下拖动时间轴面板视频轨道右侧上方的圆形（ ），垂直放大视频轨道。按住"Alt"键向上拖动时间轴，水平放大视频轨道，如图 1-2-33 所示。

图 1-2-33 "时间轴"面板

（2）选择"03.mp4"，用鼠标右键单击时间线图标（ ），在弹出的快捷菜单中选择"时间重映射→速度"，此时时间轴出现一条直线，即时间重映射的速度曲线，如图 1-2-34 所示。

图 1-2-34 激活"时间重映射"

（3）选择"钢笔"工具，将鼠标移动到视频"03.mp4"第 35 秒处单击左键，添加一个关键帧。单击选择工具，将视频"03.mp4"35 秒后的速度曲线向上拖动，加快视频速度，将"03.mp4"视频前半段速度曲线向下拖动，减慢视频速度，如图 1-2-35 所示。

图 1-2-35 "时间重映射"速度

(4)使用同样的方法,修改视频"04.mp4"的速度为先快后慢,与视频"03.mp4"自然过渡。"变速转场"时间轴如图 1-2-36 所示。

图 1-2-36 "变速转场"时间轴

Step06 制作"蒙版"转场效果。

(1)选择"V1"视频轨道,向上拖动"时间轴"面板视频轨道右侧上方的圆形,垂直缩小视频轨道。按住"Alt"键向下拖动时间轴,水平缩小视频轨道,将时间轴恢复。选择项目面板中视频"05.mp4"拖动到"V2"视频轨道上,与视频"04.mp4"有一段重叠。"时间线"面板如图 1-2-37 所示。

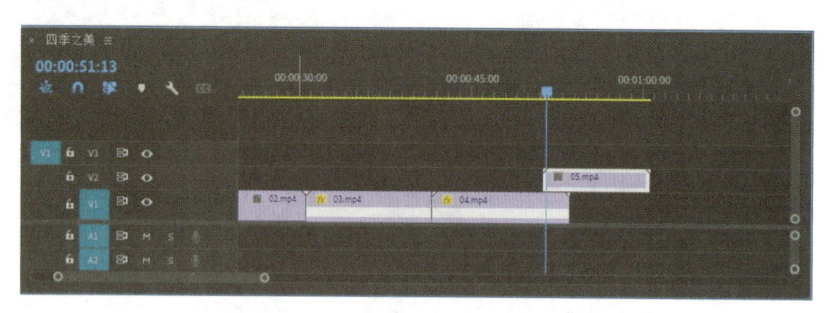

图 1-2-37 "时间线"面板(二)

(2)选择视频"05.mp4",将时间线移动到视频起始处,选择"效果控件"面板,单击"不透明度"属性下的"创建椭圆形蒙版"按钮,创建椭圆形蒙版,如图 1-2-38 所示。设置"蒙版羽化"为 60,单击"蒙版不透明度"和"蒙版扩展"属性前的"切换动画"按钮( ),创建关键帧,将"蒙版不透明度"的值设置为 0,如图 1-2-39 所示。

图 1-2-38 "蒙版"效果

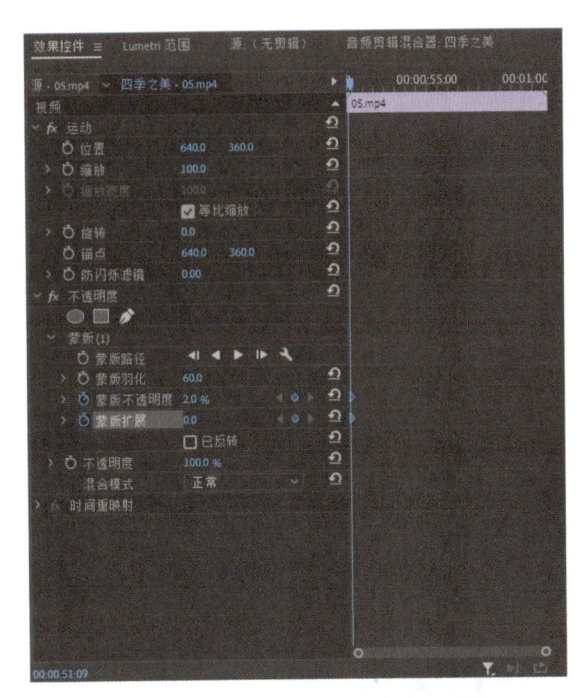

图 1-2-39 "蒙版"参数设置

（3）将时间线移动到视频"04.mp4"与"05.mp4"重叠处，修改"蒙版不透明度"和"蒙版扩展"数值均为 100，效果如图 1-2-40 所示。

图 1-2-40 "蒙版转场"效果

Step07 制作"拉镜"转场效果。

（1）拖动"项目"面板中的视频"06.mp4"到"V1"视频轨道"05.mp4"视频后面，如图 1-2-41 所示。

（2）在"项目"面板空白处单击鼠标右键，在弹出的快捷菜单中选择"新建项目→调整图层"，创建调整图层，将其拖动到"06.mp4"视频的上方，如图 1-2-42 所示。

图 1-2-41 "时间线"面板（三）　　　　图 1-2-42 "时间线"面板（四）

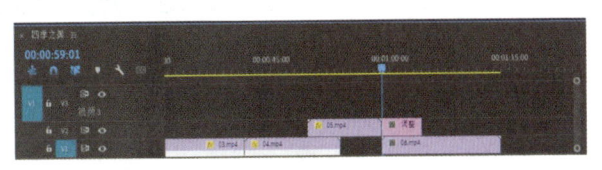

（3）在"效果"面板中选择"扭曲→变换"，将"变换"效果拖动到调整图层上。选择"效果控件"面板，将时间线移动到调整图层的起始处，单击位置和缩放前的"切换动画"按钮，创建关键帧，设置"缩放"值为500，位置为6.0、360.0，如图1-2-43所示，将荷花放大，模拟摄像机镜头拉近效果。

（4）按"Shift+→方向键"5次，将时间线向后移动5帧，设置缩放值为100，位置为640.0、360.0，如图1-2-44所示，模拟摄像机拉远效果。

图1-2-43　"效果控件"面板及镜头拉近效果

图1-2-44　"效果控件"面板及镜头拉远效果

（5）在"05.mp4"视频结尾处按"Shift+←方向键"5次，将时间线移动到"05.mp4"最后5帧的位置。选择"05.mp4"视频，在"效果"面板搜索"高斯模糊"，将"高斯模糊"效果拖动到"05.mp4"视频上。在"效果控件"面板，单击"高斯模糊→模糊度"前的"切换动画"按钮,创建关键帧。将时间线移动到"05.mp4"视频结尾处,设置模糊度值为70,使前后视频过渡更加自然。

Step08 制作"水墨"转场效果。

(1)拖动"项目"面板中视频"07.mp4"到"V2"视频轨道,与"06.mp4"有重叠部分,如图1-2-45所示。拖动视频"墨迹.mp4"到"V3"视频轨道,与视频"07.mp4"起始点在相同位置。

(2)鼠标左键移动到"墨迹.mp4"结尾处,当鼠标指针变为形状时,向左拖动,修改"墨迹.mp4"视频长度到"06.mp4"与"07.mp4"交接处,如图1-2-46所示。

(3)选择"07.mp4"视频,在"效果"面板搜索"轨道遮罩键",按住鼠标左键将其拖动到"07.mp4"视频上。在"效果控件"面板中,设置轨道遮罩键的"遮罩"为"视频3","合成方式"为"亮度遮罩",勾选"反向"选项,如图1-2-47所示。

(4)选择"墨迹.mp4"视频,将时间线移动到"墨迹.mp4"视频起始处,在"效果控件"面板为"墨迹.mp4"视频透明度创建关键帧。再将时间线移动到视频"06.mp4"与"07.mp4"视频交接处,透明度数值设置为0。

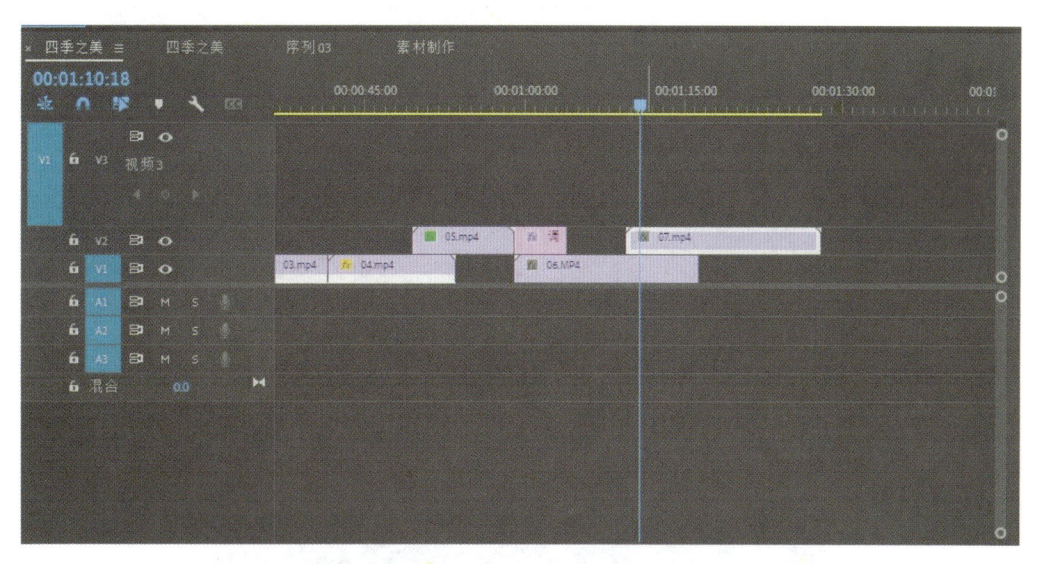

图1-2-45 "时间线"面板(五)

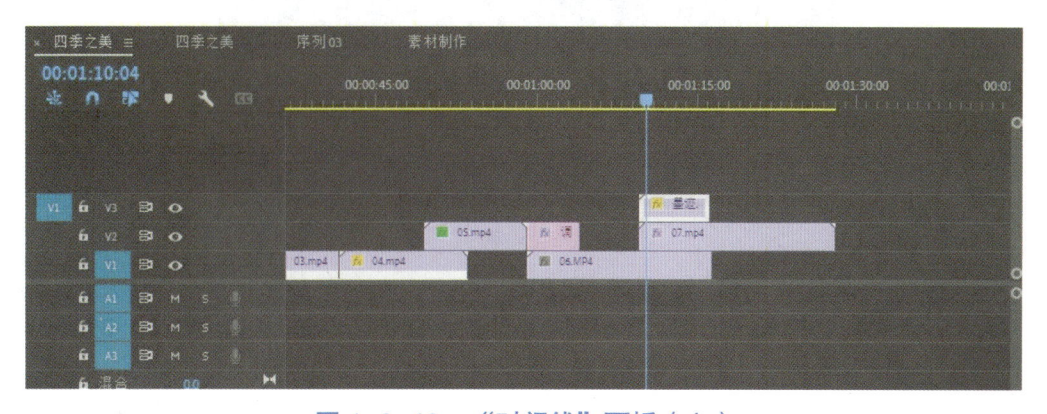

图1-2-46 "时间线"面板(六)

图 1-2-47 "效果控件"面板及"水墨"转场效果

Step09 制作"亮度"转场效果。

（1）拖动"项目"面板中的视频"08.mp4"到"V3"视频轨道，与"07.mp4"视频有重叠部分，如图 1-2-48 所示。

图 1-2-48 "时间线"面板（七）

（2）按"C"键使用"剃刀"工具将"07.mp4"和"08.mp4"两个视频的重合部分裁切出来，如图 1-2-49 所示。

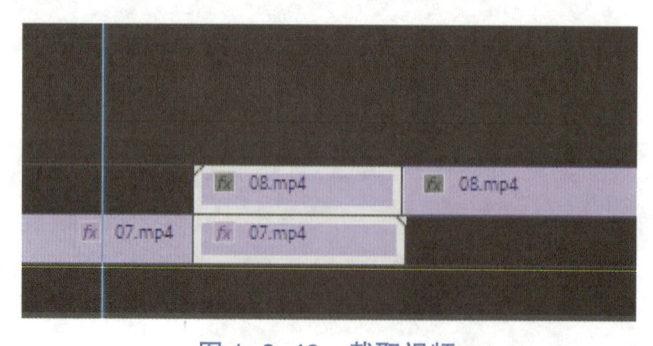

图 1-2-49 截取视频

（3）选择重合的"07.mp4"，在"效果控件"面板，用鼠标右键单击"轨道遮罩键"，弹出快捷菜单，选择"清除"命令，将"轨道遮罩键"效果删除。

（4）选择重合的"08.mp4"，在"效果"面板中搜索"亮度值"，按鼠标左键将其拖动到"08.mp4"上。将时间线移动到该视频起始处,在"效果控件"面板,设置"亮度值"的阈值,在"屏蔽度"上创建关键帧,修改"屏蔽度"数值为100,如图1-2-50所示。

(5)将时间线移动到"08.mp4"视频重合部分的结束处,在"效果控件"面板中,"亮度值"的阈值和"屏蔽度"数值均设为0,如图1-2-51所示。

图1-2-50 "效果控件"面板(一) 　　图1-2-51 "效果控件"面板(二)

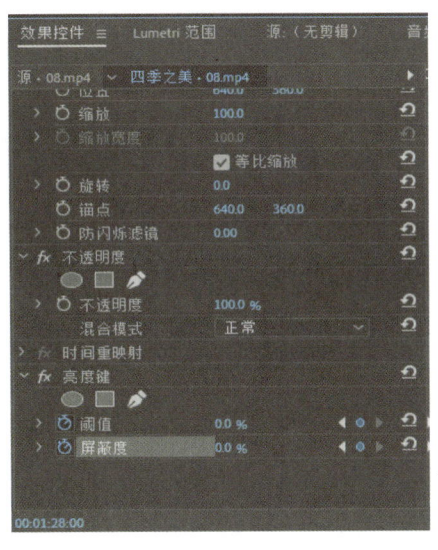

Step10 复制"拉镜"转场效果。

(1)拖动"项目"面板中的视频"09.mp4"到"V1"视频轨道"08.mp4"视频结束后。时间轴如图1-2-52所示。

(2)选择"06.mp4"视频上方的调整图层,按住"Alt"键将其复制到"09.mp4"视频的上方,如图1-2-53所示。

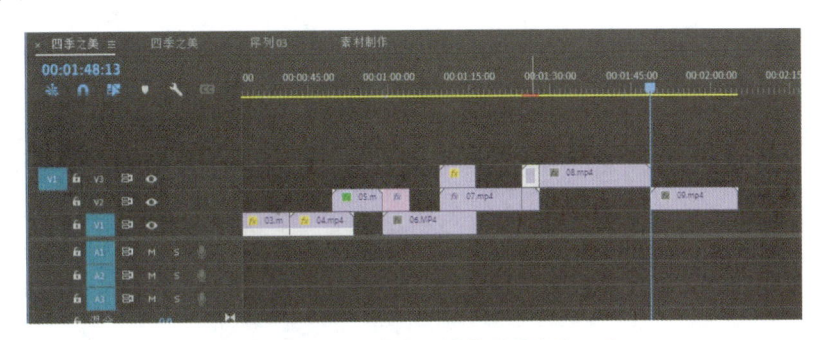

图1-2-52 "时间线"面板(八)

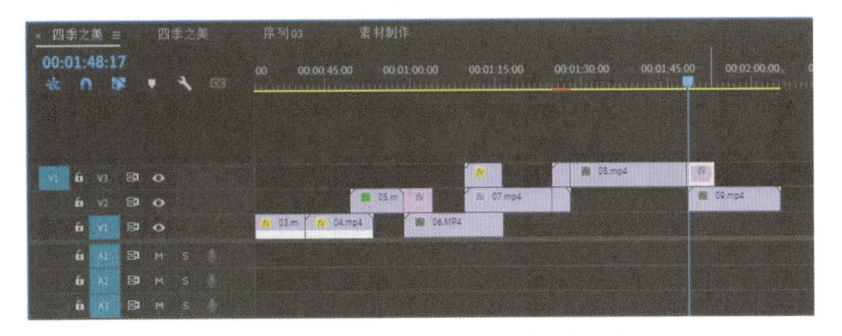

图1-2-53 "时间线"面板(九)

Step11 制作"模糊"转场效果。

(1)拖动"项目"面板中的视频"10.mp4"到"V1"视频轨道"09.mp4"视频结束后,如图1-2-54所示。

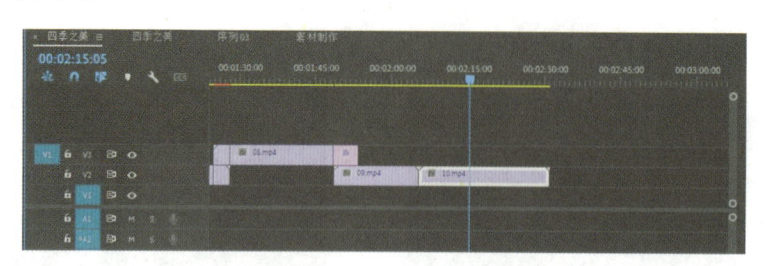

图1-2-54 "时间线"面板(十)

(2)选择"09.mp4"视频,将时间线移动到"09.mp4"结尾处,按"Shift+←方向键"5次,这样就可以把播放指针移动到"09.mp4"最后5帧。

(3)在"效果"面板中,将"高斯模糊"效果拖动到"09.mp4"视频上。在"效果控件"面板,单击"高斯模糊→模糊度"前的"切换动画"按钮,创建关键帧。将时间线移动到"09.mp4"视频结尾处,设置模糊度值为60,使前后视频过渡更加自然,如图1-2-55所示。

(4)使用"文字工具"在相应季节的视频上可以添加相应季节的描述文字。

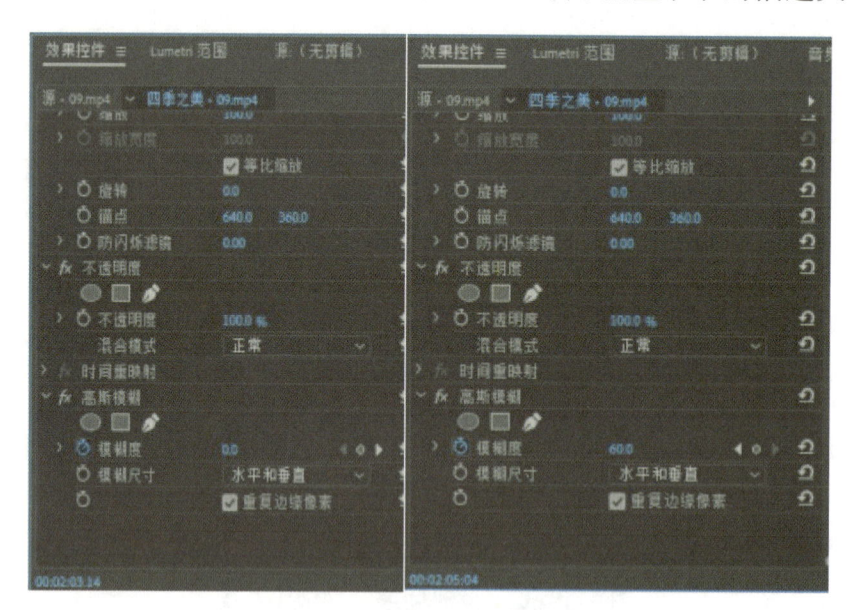

图1-2-55 "效果控件"面板(三)

任务3 添加音频并设置音频过渡效果

Step01 导入音频轨道并裁剪音频。拖动"项目"面板中的音频"Perfect Day.mp3"到"A1"音频轨道上,使音频文件和"01.mp4"视频入点相同,再使用"剃刀"工具将"10.mp4"后的音频截取后删除,使音频与视频等长。"时间线"面板如图1-2-56所示。

图 1-2-56 "时间线"面板（十一）

Step02 添加音频效果。在"效果"面板中选择"音频过渡→交叉淡化→指数淡化"，如图 1-2-57 所示，按住鼠标左键将其拖动到"A1"音频轨道片头音频结尾处。在"效果控件"面板中，设置"持续时间"为"00：00：01：00"，如图 1-2-58 所示。

图 1-2-57 音频过渡效果　　图 1-2-58 音频"指数淡化"效果控件面板

任务4　导出视频

执行菜单"文件→导出→媒体"命令，弹出"导出设置"对话框，选择导出格式为"H.264"，输入导出视频名称，选择导出的位置，单击"导出"按钮导出视频，如图 1-2-59 所示。

图 1-2-59 "导出设置"对话框

2.2.4 知识与技能

2.2.4.1　Premiere 简单却常用的四类转场技巧
2.2.4.2　快速添加默认过渡效果
2.2.4.3　视频过渡效果组

扫码看数字教材

2.3 视频效果

2.3.1 任务情境

泉城济南，自古便是风光旖旎之地。大明湖畔，碧波荡漾，湖光山色交相辉映。北岸高台上的北格阁与超然楼，巍峨耸立，气势磅礴，展现了江北建筑之精华。清代书法家铁保的名句"四面荷花三面柳，一城山色半城湖"，更是将济南的美景描绘得淋漓尽致。济南之美，在于水色山光，在于人文底蕴，如诗如画，令人流连忘返。

《泉城济南》短视频样片片头如图 1-2-60 所示。

扫码看样片

图 1-2-60　《泉城济南》短视频样片片头

2.3.2 任务分析与目标

任务描述	城市宣传片是展示城市风貌和魅力的视听盛宴，融合自然风光、人文特色与现代气息，通过精美画面和动人故事，展现城市的独特魅力与发展活力。它不仅是城市形象的传播窗口，更是吸引人们探索与感受城市魅力的桥梁。 通过应用 Premiere 各种视频效果，深入体会丰富多彩的视觉效果，并熟练掌握此类短片的制作方法和技能

		续表
学习目标	素养目标	1. 提升保护自然环境的责任意识和环保意识； 2. 通过短片制作，深刻领略家乡之美，增强热爱家乡的意识
	知识目标	1. 掌握视频效果添加和设置方法； 2. 熟悉各类视频效果的应用场合； 3. 掌握调色、抠像、遮罩等效果的原理
	能力目标	1. 能添加视频效果； 2. 能在"效果控件"面板中设置效果参数； 3. 能根据素材选取合适的效果
能力标准		新媒体编辑职业技能等级要求（初级）标准： 3.2.2 能使用视频编辑软件转换格式； 3.2.5 能使用视频编辑软件处理视频素材。 3.3.3 能使用 Premiere 等软件的滤镜功能制作特效； 3.3.5 能使用音视频编辑软件完成音视频的字幕、转场、音效等包装效果。 新媒体技术职业技能等级标准： 2.2.3 能使用视频剪辑工具，进行视频剪辑、添加特效和字幕等处理，使视频和音乐节奏同步； 2.2.4 具备视频审美意识和音画节奏的精准把控能力。 全国职业院校技能大赛"短视频制作"赛项竞赛标准： 风格统一，画面色调适当，特效围绕主题，运用适当
计划学时		8学时

2.3.3 任务实施

任务1 制作片头

Step01 创建项目。双击桌面"Adobe Premiere Pro 2022"快捷图标，启动 Premiere，单击界面左侧的"新建项目"按钮，弹出"新建项目"对话框。在"名称"文本框中输入"宣传片"，单击"浏览"按钮，选择项目保存的位置，单击"确定"按钮，进入"Adobe Premiere Pro 2022"工作界面。

扫码看微课

Step02 新建序列，导入素材。执行菜单"文件→新建→序列"命令（或使用快捷键"Ctrl+N"），弹出"新建序列"对话框，选择"AVCHD 720p 方形像素"模式，序列名称为"主片"，如图 1-2-61 所示，单击"确定"按钮。选择"文件→导入"命令（或使用快捷键"Ctrl+I"），弹出"导入"对话框，导入素材。

Step03 拖动素材到视频轨道。拖动"项目"面板中的"泉城.mp4"素材到"V1"视频轨道的 0 秒处，拖动"项目"面板中的"泉水.mp4"素材到"V2"视频轨道的 0 秒处，如图 1-2-62 所示。用鼠标右键单击素材"泉城.mp4"选择"取消链接"，取消音视频链接，删除音频。

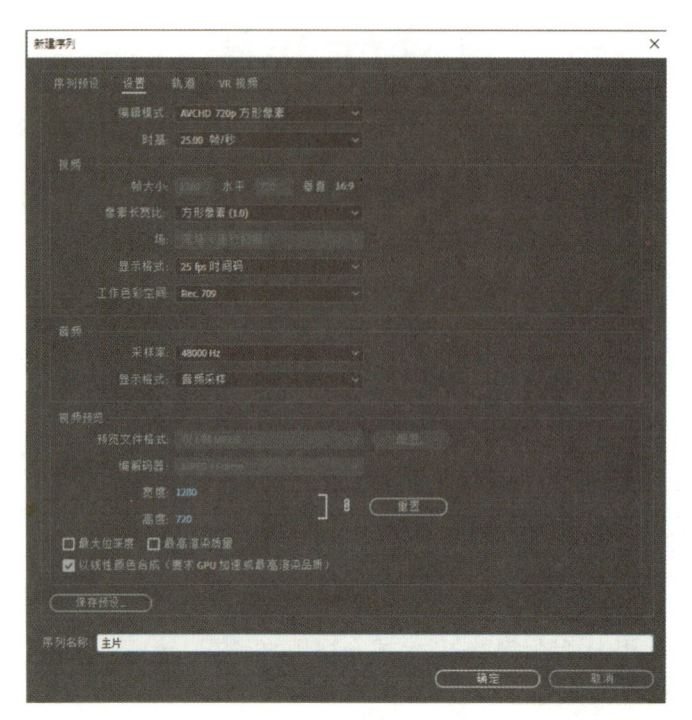

图 1-2-61　新建序列

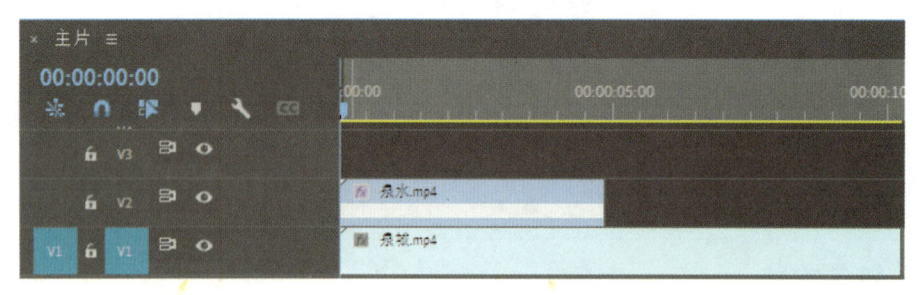

图 1-2-62　导入素材到时间轴

Step04　输入并设置文字。单击"工具"面板中的"文字"工具，单击"节目"面板，输入文字"泉城济南"，在右侧的"基本图形"面板中选中文字，调整字形为"Bold"，选择合适的字体，并将"字号"设置为 280 号，使文字填充屏幕，产生强烈的视觉冲击效果。在"对齐与变换"选项中分别单击"垂直居中对齐"和"水平居中对齐"按钮，使文字居于舞台中央。文字效果如图 1-2-63 所示。

Step05　添加视频效果。

（1）在"效果"面板中选择"视频效果→变换→裁剪"，拖动至"V3"视频轨道，为文字添加裁剪效果，如图 1-2-64 所示。

（2）在"效果控件"面板展开"裁剪"特效，添加关键帧，在"00：00：00：00"处设置值为 100%。将时间线移动到"00：00：02：00"处，将"右侧"的值设置为 0，并按键盘中的"M"键为当前时间点添加标记，如图 1-2-65 所示。

图 1-2-63　文字效果

图 1-2-64　"裁剪"效果

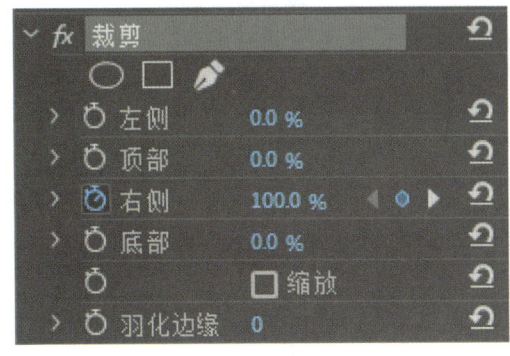

图 1-2-65　"裁剪"效果参数设置

（3）选择"V2"视频轨道，在"效果"面板中选择"视频效果→键控→轨道遮罩键"，如图 1-2-66 所示，双击应用至"V2"视频轨道。

图 1-2-66　"轨道遮罩键"效果

（4）在"效果控件"面板展开"轨道遮罩键"特效，将"遮罩"选项设置为"视频3"，将"合成方式"设置为"Alpha 遮罩键"，如图 1-2-67 所示。在"节目"窗口中预览效果，如图 1-2-68 所示。

图 1-2-67　"轨道遮罩键"效果设置界面

图 1-2-68　文字遮罩效果

（5）将时间线移动到"00：00：02：00"处，选中文字层所在的"V3"视频轨道，在"位置"和"缩放"两个属性前添加关键帧，将时间线移动到"00：00：04：00"处，按"M"键添加时间标记，并设置"文字缩放"为1000，位置为162、388，制作文字穿越效果，关键帧在"效果控件"中如图1-2-69所示。

图1-2-69　"效果控件"面板（四）

（6）框选这四个关键帧，单击鼠标右键，在快捷菜单中选择"临时插值→贝塞尔曲线"，使动画更自然流畅。

（7）选择"V1"视频轨道，在"效果"面板中选择"视频效果→过渡→渐变擦除"，如图1-2-70所示。双击应用至"V1"视频轨道。

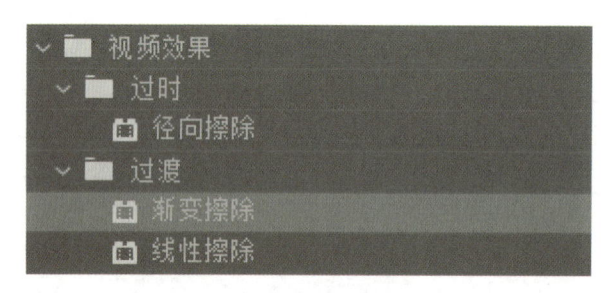

图1-2-70　"渐变擦除"效果

（8）在"效果控件"面板展开"渐变擦除"特效，如图1-2-71所示，为"过渡完成"添加关键帧，在"00：00：00：00"处设置值为100%。单击"00：00：04：00"处时间标记，此时时间指针移动到4秒处，将"过渡完成"设置值为0。将"过渡柔和度"设置为100%，"渐变放置"为"平铺渐变"，使"V1"视频轨道视频逐渐显示，如图1-2-72所示。

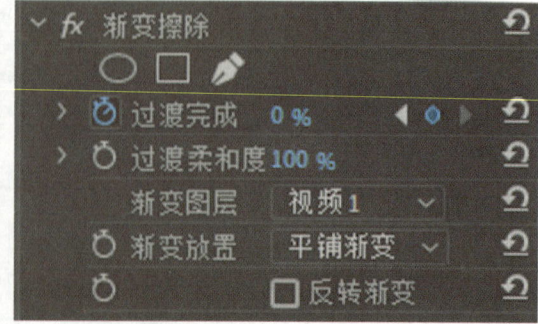

图1-2-71　"渐变擦除"效果关键帧设置

图 1-2-72 "渐变擦除"效果

任务2　制作主片水墨画效果

Step01　导入超然楼视频素材。将时间线定位到"00：00：10：00"处，并按"M"键添加标记，选择"剃刀"工具，将"泉城"素材在10秒处分开，按"V"键选取视频后部，按"Delete"键删除。在"项目"面板上单击"超然楼素材.mp4"，选中视频素材，将其拖放到"V1"视频轨道，使其与前段素材对齐。

Step02　编辑超然楼视频素材。在"V1"视频轨道用鼠标右键单击"超然楼素材.mp4"，在弹出菜单中选择"取消链接"，取消音视频链接，删除"A1"音频轨道音频，按住"Alt"键将"V1"视频轨道拖动至"V2"视频轨道，复制素材，如图1-2-73所示。

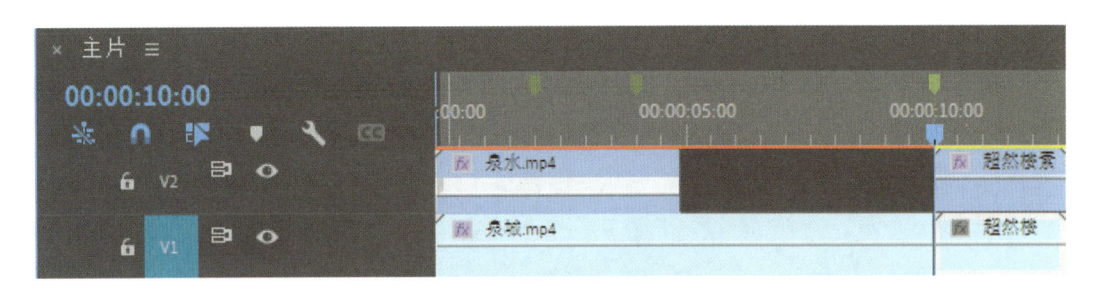

图 1-2-73　复制超然楼素材

Step03　添加效果。

（1）在"效果"面板中选择"视频效果→图像控制→黑白"，拖动至"V2"视频轨道"超然楼素材.mp4"，如图1-2-74所示。

（2）在"效果"面板中选择"视频效果→风格化→查找边缘"，拖动至"V2"视频轨道"超然楼素材.mp4"，如图1-2-75所示。

图 1-2-74 "黑白"效果　　　　图 1-2-75 "查找边缘"效果

（3）在"效果控件"面板展开"查找边缘"特效，如图 1-2-76 所示，将"与原始图像混合"选项设置为 30%，在"节目"面板中预览效果，如图 1-2-77 所示。

图 1-2-76 "查找边缘"效果控件

图 1-2-77 "查找边缘"效果预览

任务3　制作晕染转场效果

Step01　导入并裁剪水墨视频素材。拖动"水墨素材 .mov"至"V3"视频轨道，将时间指针移到"00：00：10：22"处，按"M"键添加标记，选中工具栏中的"剃刀"工具并单击，将"V2"和"V3"视频轨道素材切割，按"V"键选取素材，删除时间指针后面的部分，如图 1-2-78 所示。

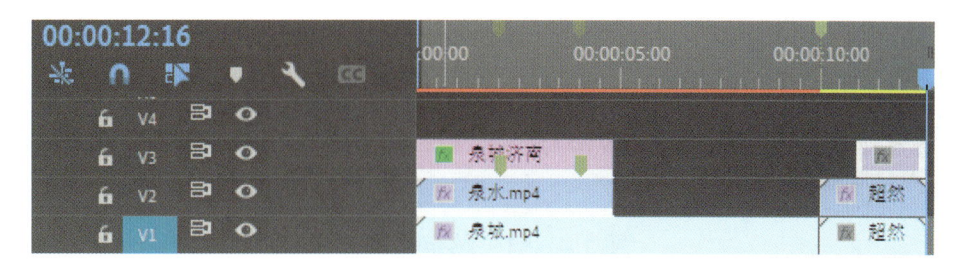

图 1-2-78　对齐素材

Step02　添加效果。

（1）在"效果"面板中选择"视频效果→键控→轨道遮罩键"，拖动至"V2"视频轨道"超然楼素材.mp4"。

（2）在"效果控件"面板展开"轨道遮罩键"特效，将"遮罩"选项设置为"视频3"，将"合成方式"设置为"亮度遮罩"，勾选"反向"，如图1-2-79所示。在"节目"窗口中预览效果，如图1-2-80所示。

图 1-2-79　"轨道遮罩键"效果设置

图 1-2-80　晕染效果

任务4　制作帧定格效果

Step01　添加帧定格。将时间指针移到"00∶00∶12∶16"处，选择"V1"视频轨道，单击鼠标右键，在弹出菜单中选择"添加帧定格"，选中定格素材，增加素材时长至时间线"00∶00∶14∶00"处。按住"Alt"键拖动至"V2"视频轨道复制一层，并单击" "标志暂时隐藏"V2"视频轨道，如图1-2-81所示。

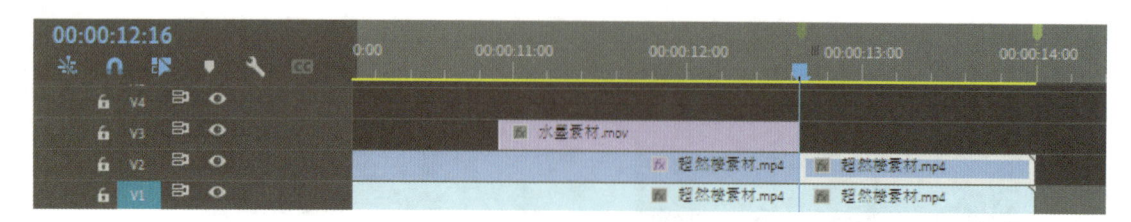

图 1-2-81　帧定格轨道

Step02　添加高斯模糊效果。选择"V1"视频轨道，在效果面板中选择"视频效果→模糊与锐化→高斯模糊"，如图 1-2-82 所示，拖动至"V1"视频轨道的帧定格中，在左侧"效果控件"面板中展开效果选项，设置"模糊度"的值为 50.0，如图 1-2-83 所示。

图 1-2-82　"高斯模糊"效果

图 1-2-83　"高斯模糊"效果控件

Step03　绘制蒙版。选择"V2"视频轨道，单击" "标志取消隐藏，在"效果控件"面板中选择"不透明度"状态下的钢笔工具，绘制蒙版。将"蒙版羽化"设置为 0，如图 1-2-84 所示，此时鼠标变为钢笔形状，在画面中单击，绘制闭合路径，如图 1-2-85 所示。

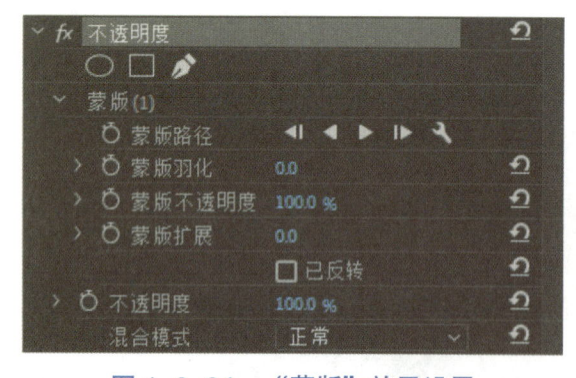

图 1-2-84　"蒙版"效果设置

图 1-2-85　蒙版路径

Step04　嵌套素材。绘制完成后用鼠标右键单击素材，在菜单中选择"嵌套"，如图 1-2-86 所示，将"V2"视频轨道嵌套为"超然楼"。

Step05　制作运动效果。选择"V2"视频轨道，单击时间标记，将时间指针移到"00：00：12：16"处，在运动中的"位置"和"缩放"前单击添加关键帧，指针移到"00：00：13：16"处，将"位置"设置为 807、195，"缩放"设置为 150%，如图 1-2-87 所示，使超然楼产生向右上方移动的效果。

图 1-2-86 "嵌套"效果

图 1-2-87 运动关键帧设置

Step06 添加径向阴影。在"效果"面板中选择"视频效果→过时→径向阴影",拖动至"V2"视频轨道"超然楼"嵌套序列,如图 1-2-88 所示。

图 1-2-88 "径向阴影"效果(一)

Step07 制作径向阴影效果。在"效果控件"面板展开"径向阴影"特效,设置"阴影颜色"为"白色",设置"投影距离"为4,柔和度为11,调整"光源"选项参数,如图 1-2-89 所示。在"节目"窗口中预览效果,如图 1-2-90 所示。

图 1-2-89 "径向阴影"效果设置

图 1-2-90 "径向阴影"效果(二)

任务5　制作颜色、光照效果

Step01　添加颜色平衡效果。在效果面板中选择"视频效果→过时→颜色平衡（HLS）"，拖动至"V2"视频轨道超然楼嵌套素材上。如图1-2-91所示。在"效果控件"面板中展开"颜色平衡（HLS）"，单击时间标记切换到"00：00：12：16"处，为"亮度"和"饱和度"添加关键帧，降低超然楼的亮度和饱和度。1秒后单击"　"重置"亮度""饱和度"参数，使画面恢复初始状态，产生由暗到亮的动画效果，如图1-2-92所示。

图1-2-91　"颜色平衡（HLS）"效果

图1-2-92　"颜色平衡（HLS）"效果控件

Step02　抠除标志白色背景。

（1）单击时间标记切换到"00：00：12：16"处，拖动素材"泉城旅游标志.jpg"至"V3"视频轨道，调整素材长度与"V2"视频轨道对齐，如图1-2-93所示。

（2）在效果面板中选择"视频效果→键控→颜色键"，拖动至"V3"视频轨道"泉城旅游标志.jpg"素材上，如图1-2-94所示。

图1-2-93　泉城旅游标志

图1-2-94　"颜色键"效果

（3）在"效果控件"面板展开"颜色键"，单击"主要颜色"后的吸管，吸取背景中的白色，设置"颜色容差"为30，"边缘细化"为1，如图1-2-95所示。抠除图中白色背景。在"节目"窗口中预览效果，如图1-2-96所示。

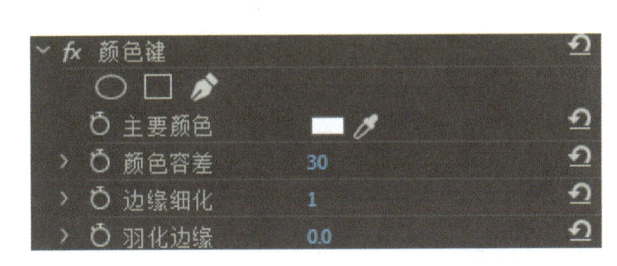

图1-2-95 "颜色键"效果控件

图1-2-96 旅游标志"颜色键"效果

Step03 制作标志油漆桶效果。

（1）在"效果控件"面板中选择"运动"中的"位置"属性，改变X轴位置，设置缩放为70%，单击鼠标右键选择"嵌套"命令，嵌套为"旅游标志"序列，如图1-2-97所示。

图1-2-97 嵌套旅游标志

（2）在"效果"面板中选择"视频效果→过时→油漆桶"，双击应用至"旅游标志"序列，如图1-2-98所示。

图1-2-98 "油漆桶"效果（一）

（3）在"效果控件"面板中展开"油漆桶"，设置"填充选择器"为"Alpha通道"，"描边"为"描边"，"描边宽度"为2，"颜色"为"白色"，"混合模式"为"滤色"，如图1-2-99所示。在"节目"面板观看效果如图1-2-100所示。

图1-2-99 "油漆桶"效果控件

图1-2-100 "油漆桶"效果（二）

Step04 制作超然楼亮灯效果。

（1）选中"V1、V2、V3"三个视频轨道，嵌套为"光照效果"序列。在效果面板中选择"视频效果→调整→光照效果"，双击应用"光照效果"，如图 1-2-101 所示。

图 1-2-101 光照效果

（2）在"效果控件"面板展开"光照效果"，展开"光照 1"，将光照 1 的"中央""主要半径""次要半径"设置关键帧，模拟光源移动效果，如图 1-2-102 所示。在"节目"面板观看效果，如图 1-2-103 所示。

图 1-2-102 "光照效果"控件

图 1-2-103 "光源移动"效果

任务6 制作滚动字幕效果

Step01 导入超然楼亮灯视频素材。单击"00：00：14：00"处的时间标记，在"项目"面板上单击"超然楼亮灯.mp4"，选中视频素材，将其拖放到"V1"视频轨道，使其与前段素材对齐。用鼠标右键单击"超然楼亮灯.mp4"，在弹出菜单中选择"取消链接"，取消音视频链接，删除 A1 轨道音频。

Step02 设置属性。将"效果控件"面板"运动"中设置"缩放"为 50%，改变"运动"中的"位置"选项，设置 X 轴和 Y 轴参数分别为 802、181，使画面位移到右上侧，

效果如图 1-2-104 所示。

图 1-2-104 "缩放和移动位置后"效果

Step03 添加效果。

（1）按住"Alt"键向上拖动，复制素材至"V2"视频轨道，在"效果"面板中选择"视频效果→变换→垂直翻转"，如图 1-2-105 所示，双击应用至"V2"视频轨道的"超然楼亮灯.mp4"素材。在"效果控件"面板拖动"运动"中"位置"选项的 Y 轴参数，使其产生镜像效果。在"节目"面板观看效果，如图 1-2-106 所示。

图 1-2-105 "垂直翻转"效果控件　　图 1-2-106 "垂直翻转"效果

（2）在"效果"面板中分别选择"视频效果→过渡→线性擦除"和"视频效果→过时→快速模糊"，双击应用至"V2"视频轨道"超然楼亮灯.mp4"素材，如图 1-2-107 和图 1-2-108 所示。

（3）在"效果控件"面板中分别设置"快速模糊"的模糊度为"20"，"线性擦除"中设置过渡完成为 50%、擦除角度为 0°，羽化为 300，最后将"不透明度"设置为 70%，使倒影协调即可，如图 1-2-109 所示。

图 1-2-107 "线性擦除"效果　　图 1-2-108 "快速模糊"效果

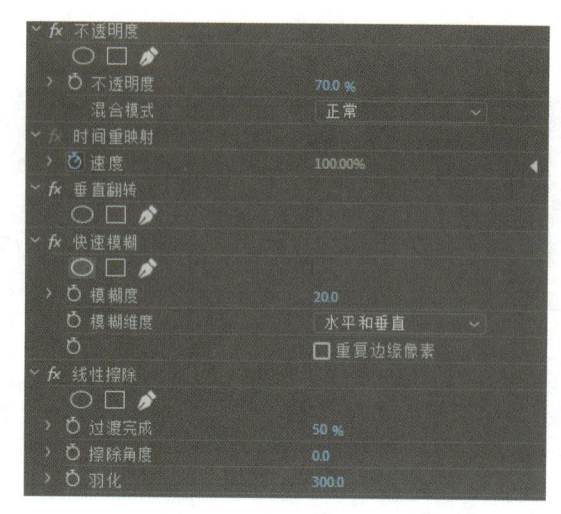

图 1-2-109　"效果控件"参数

（4）选中"V1、V2"两个视频轨道，嵌套为"亮灯视频"序列。在"效果"面板中选择"视频效果→透视→基本3D"，双击应用至"亮灯视频"，如图1-2-110所示。

图 1-2-110　选择"基本 3D"效果

（5）在"效果控件"面板展开"基本3D"，设置"旋转"为20°，"运动"中的缩放为90，如图1-2-111所示。改变"运动"中的"位置"参数，在"节目"面板中预览效果，如图1-2-112所示。

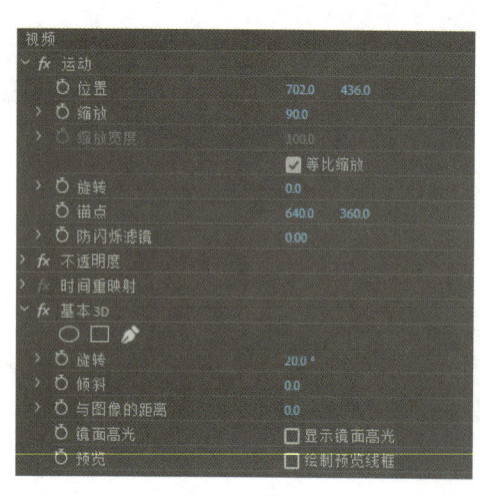

图 1-2-111　"基本 3D"效果控件　　　　图 1-2-112　"基本 3D"效果

（6）在"项目"面板中新建"颜色遮罩"，将"亮灯视频"素材移动至"V2"视频轨道，将颜色遮罩移动至"V1"视频轨道作为背景。

（7）在"效果"面板中分别选择"视频效果→生成→渐变"和"视频效果→扭曲→镜像"，双击应用至"V1"视频轨道颜色遮罩。如图1-2-113和图1-2-114所示。

图 1-2-113　选择"渐变"效果　　　图 1-2-114　选择"镜像"效果

（8）在"效果控件"面板中分别设置"渐变"参数，起始颜色为蓝色，结束颜色为黄色，可以利用颜色右侧的吸管工具吸取视频中的颜色。将"渐变形状"设置为"径向渐变"。单击"渐变起点"，在"节目"面板中设置起点为左上角，用同样的方式设置终点为右下角，参数如图 1-2-115 所示。

（9）在"效果"控件面板中设置"镜像"参数，"反射角度"为 90°，移动反射中心的 Y 轴参数，使两种颜色分界线位于原始视频和倒影的中央，渐变中心和效果如图 1-2-116 所示。

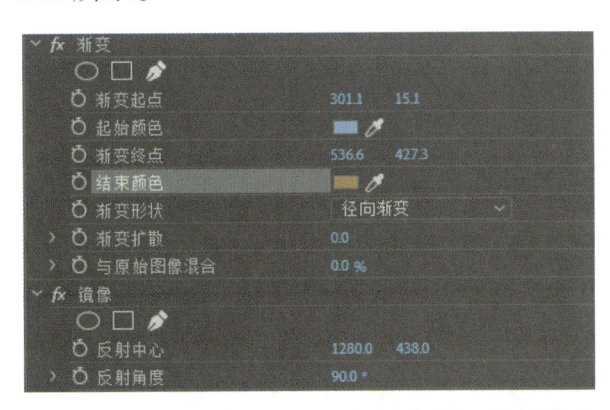

图 1-2-115　"渐变"和"镜像"效果控件参数　　　图 1-2-116　背景效果图

（10）在"效果控件"面板中分别设置"渐变"参数，为渐变起点和渐变终点添加关键帧，将时间轴向后移动，改变起点和终点的值，选中关键帧，单击鼠标右键，在菜单中选择"临时插值—贝塞尔曲线"，多次复制关键帧，使光线产生位移，如图 1-2-117 所示。

图 1-2-117　"渐变填充"效果

Step04　制作滚动字幕。

（1）按"Ctrl+T"键新建文字，将素材文件中的超然楼七律诗句复制到文本框中，在"效果"面板的"基本图形"中选中文本，分别设置标题和正文的字体、字符间距、行间距等，如图 1-2-118 所示。完成后效果如图 1-2-119 所示。

图1-2-118　文本设置

图1-2-119　文本效果

（2）拖动文字图层的时间与背景素材对齐，移动时间指针到"00∶00∶14∶00"处，在"效果控件"面板中为运动中的"位置"添加关键帧，设置 Y 轴参数，使文字位于屏幕下方，移动时间指针到"00∶00∶28∶00"处，设置 Y 轴参数，使文字移出屏幕上方，如图1-2-120所示。

图1-2-120　文本运动参数设置

（3）拖动背景音乐素材至"A1"轨道，预览效果后面素材较长，选中"00∶00∶14∶00"后的三段素材，嵌套为"字幕"序列，用鼠标右键单击嵌套，选择"速度/持续时间"，将"速度"调整为150%，使音乐长度与素材对齐，如图1-2-121、图1-2-122所示。

图1-2-121　"速度/持续时间"设置

图1-2-122　滚动字幕效果

2.3.4 知识与技能

2.3.4.1 添加视频效果

2.3.4.2 常用视频特效

1. 校正视频色彩与色调

2. 键控技术

3. 视频变换

4. 视频扭曲

5. 杂色与颗粒（Noise & Grain）

6. 模糊与锐化（Blur & Sharpen）

7. 生成效果

8. 透视效果

9. 风格化

扫码看数字教材

2.4 声音处理

2.4.1 任务情境

山东省非物质文化遗产是长期积累形成的具有民族历史特点的民间文化遗产，经过多年的沉淀，山东省已经成为非物质文化遗产资源大省，其非物质文化遗产涵盖音乐、舞蹈、戏剧、曲艺、传统技艺等多种形式，在"全球一体化"与"一带一路"倡议背景下进行发展路径创新研究具有重要的理论意义和现实意义。任务样片截图如图 1-2-123 所示。

扫码参考样片

图 1-2-123　任务样片截图

2.4.2 任务分析与目标

任务描述		民间玩具风筝，作为传统工艺美术的瑰宝，深受民间美术文化影响，以娱乐、趣味与祈求性丰富百姓生活。潍坊风筝则完美结合地方性与艺术传统，既实用又美观，是中国传统文化的重要组成。 本任务旨在为一段风筝宣传短片替换背景音乐，通过运用不同的音乐节奏、旋律和音乐语言，以迎合风筝不同的风格和场景
学习目标	素养目标	通过深刻体会音乐在短片中的重要作用及音乐的独特魅力，增强音乐鉴赏意识
	知识目标	1. 了解 Premiere 音频的基础知识； 2. 理解不同音乐节奏与画面的协调性； 3. 熟悉音频裁剪、淡入淡出、降噪的效果； 4. 掌握根据不同风格的画面替换相对应的背景音乐的技巧
	能力目标	1. 能够完成音频的剪切、删除、插入等编辑操作； 2. 能够根据所选背景音乐的节奏变化，灵活调整短片画面节奏
能力标准		新媒体编辑职业技能等级标准（初级）： 3.1.1 能使用 Premiere 等进行音频格式转换； 3.1.2 能使用 Premiere 等进行音频合并； 3.1.3 能使用 Premiere 等进行音频分割； 3.1.4 能使用 Premiere 等从视频中提取音频； 3.3.4 能使用 Premiere 等软件处理视频中的变调、混响等音频效果。 新媒体技术职业技能等级要求（初级）： 2.3.2 能根据内容主题和形式，选择最佳的发布时间，多渠道分发内容。 自媒体运营职业技能等级要求（初级）： 2.3.3 能使用简单工具，完成视频裁剪、视频调色、字幕添加、音效添加等工作。 全国职业院校技能大赛"短视频制作"赛项竞赛标准： 解说词音量适当清晰，背景音乐音量起伏有序； 解说词与背景音乐协调，画面与背景音乐匹配
计划学时		2 学时

2.4.3 任务实施

扫码看微课

任务1 处理音频

Step01 创建项目。双击桌面"Adobe Premiere Pro 2022"快捷图标，启动 Premiere，

单击界面左侧的"新建项目"按钮,弹出"新建项目"对话框。在"名称"文本框中输入"all",单击"浏览"按钮,选择项目保存的位置,单击"确定"按钮,进入"Premiere Pro 2022"工作界面。

Step02　新建序列、导入素材。选择"文件→新建→序列"命令(或使用快捷键"Ctrl+N"),弹出"新建序列"对话框,序列名称"风筝",选择"AVCHD 1080p 方形像素"模式,如图 1-2-124 所示。单击"确定"按钮,选择"文件→导入"命令(或使用快捷键"Ctrl+I"),弹出如图 1-2-125 所示的"导入"对话框,选中本案例中所有素材,单击"打开"按钮,将"风筝"视频和"宣传片音乐1""宣传片音乐2""转场音效"三个音频素材导入"项目"面板,如图 1-2-126 所示。

图 1-2-124　序列设置　　　　图 1-2-125　"导入"对话框

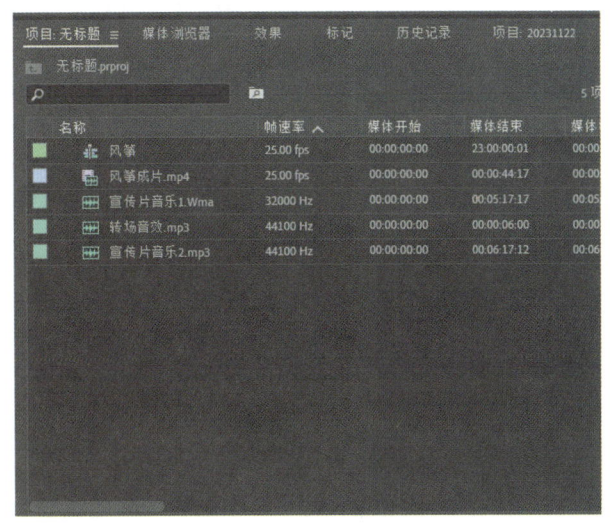

图 1-2-126　"项目"窗口

Step03　替换背景音乐。

(1) 在"项目"面板上单击"风筝成片.mp4",将其拖放到"时间轴"面板的"V1"视频轨道中的"00:00:00:00"处,如图 1-2-127 所示。

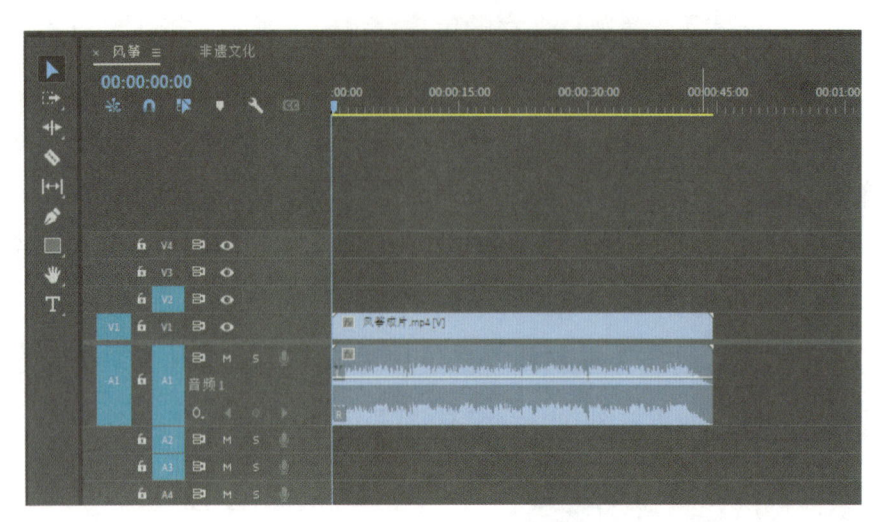

图 1-2-127　导入视频素材

（2）在"时间轴"面板上用鼠标右键单击"风筝成片.mp4"，选择"取消链接"，如图 1-2-128 所示。

（3）在"时间轴"面板上，选中"音频"轨道上的音频素材，单击鼠标右键，选择"清除"命令，如图 1-2-129 所示。

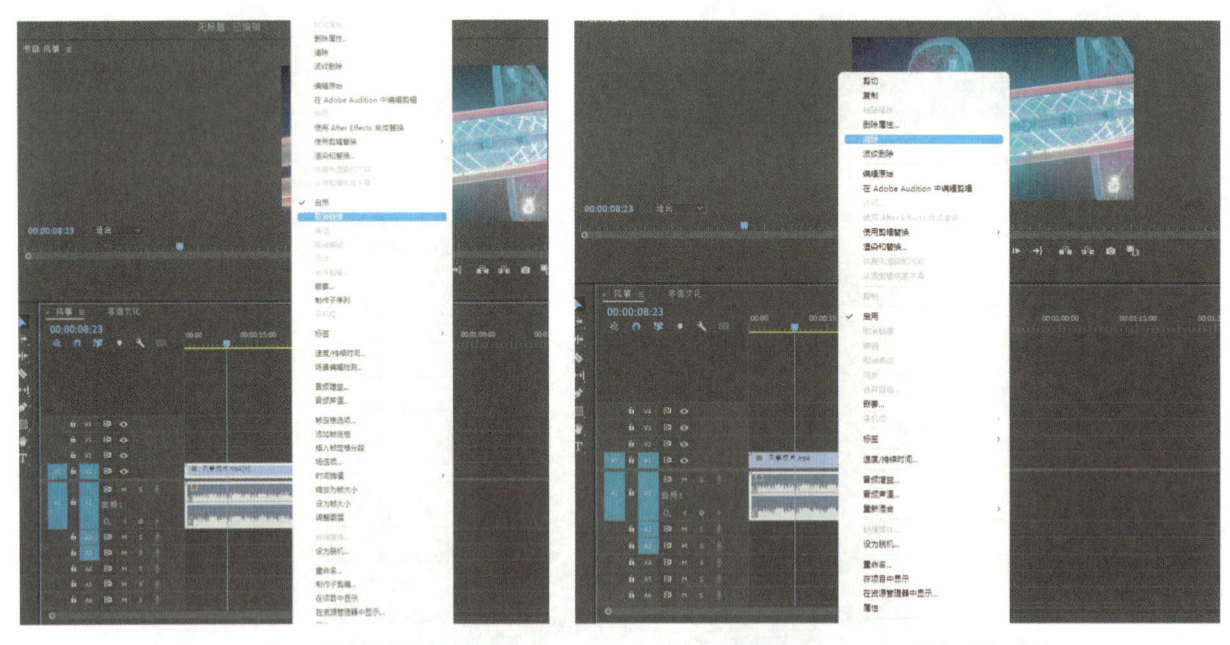

图 1-2-128　"取消链接"快捷键　　　　图 1-2-129　"清除"音频

（4）将"宣传片音乐1"音频素材拖拽到"时间轴"音频轨道上，如图 1-2-130 所示。

图 1-2-130　添加音频素材

Step04　裁剪音频素材。

（1）将时间指示器移动到"00∶00∶00∶19"处，选择"剃刀"工具，将"A1"音频轨道的音频切割，并删除前面的部分，如图 1-2-131 所示。

（2）将音频素材移动到"00∶00∶00∶00"处，将时间指示器移动到"00∶00∶05∶13"处，选择"剃刀"工具，将"A1"音频轨道中的音乐切割，再将时间指示器移动到"00∶00∶07∶04"处，选择"剃刀"工具，将"A1"轨道中的音乐切割，将中间的音频素材删除，如图 1-2-132 所示。

图 1-2-131　裁剪音频素材（一） 　　　图 1-2-132　裁剪音频素材（二）

（3）将时间指示器移动到"00∶00∶06∶07"处，将鼠标移动到时间指示器处，在"A1"音频轨道处单击鼠标右键，选择"波纹删除"，如图 1-2-133 所示。

（4）将时间指示器移动到"00∶00∶08∶20"处，选择"剃刀"工具，将"A1"音频轨道的音频素材切割，将后面的音频素材删除，如图 1-2-134 所示。

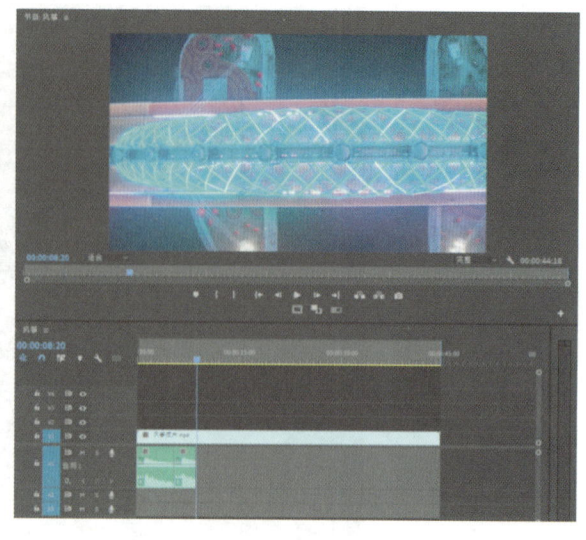

图 1-2-133　衔接音频　　　　　　　图 1-2-134　切割音频素材

（5）将时间指示器移动到"00：00：08：14"处，将"宣传片音乐2"音频素材拖拽到"A1"音频轨道上，然后将时间指示器移动到"00：05：46：20"处，选择"剃刀"工具，将"A1"音频轨道的"宣传片音乐2"素材"切割"，并删除后前半部分。在"A1"音频轨道处单击鼠标右键，选择"波纹删除"，如图1-2-135所示。

（6）将时间指示器移动到"00：00：44：18"处，选择"剃刀"工具，将"A1"音频轨道的"宣传片音乐2"素材切割，并删除后前半部分，如图1-2-136所示。

图 1-2-135　切割"宣传片音乐2"（一）　　　图 1-2-136　切割"宣传片音乐2"（二）

Step05　添加音效。将时间指示器移动到"00：00：07：24"处，选择"转场音效"音频素材并拖拽到时间轴"A2"音频轨道，将时间指示器移动到"00：00：08：08"处，按住"Alt"键，单击"A2"轨道"转场音效"，复制一个到"A3"轨道。将时间指示器移动到"00：00：08：14"处，用同样的方法复制"转场音效"到"A2"轨道上，如图1-2-137所示。

图 1-2-137　添加"转场音效"

Step06　给音频添加"淡入淡出"以及转场效果。

（1）为了使音频文件的进入与退出效果更加自然，需要设置音频的淡入淡出效果。单击键盘上的"Home"键，时间指示器直接跳到开头"00∶00∶00∶00"处，双击轨道"A1"音频轨道，会发现音频素材上出现一根实线，按住"Ctrl"键在"00∶00∶00∶00"处，单击实线，出现第一个关键帧，然后时间指示器移动到"00∶00∶00∶16"处，按住"Ctrl"键，单击实线，出现第二个关键帧，然后回到"00∶00∶00∶00"处，将第一个关键帧拉到最低，实现"淡入"效果，如图1-2-138所示。

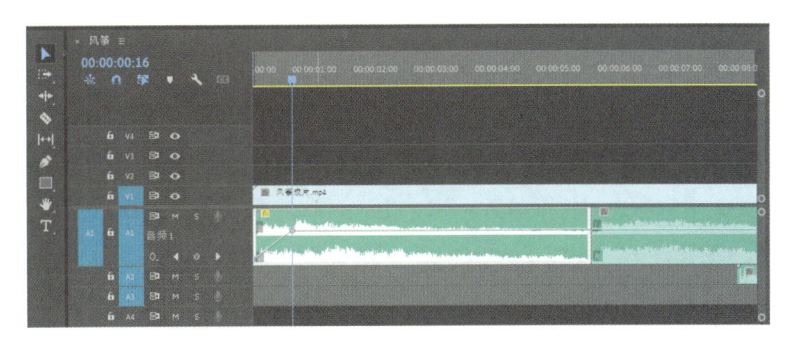

图 1-2-138　为音频添加"淡入"效果

（2）将时间指示器移动到"00∶00∶42∶23"处，按住"Ctrl"键，单击实线，出现第一个关键帧，然后单击键盘上的"End"键，时间指示器立刻跳到结尾处；同样，按住"Ctrl"键，单击实线，出现第二个关键帧，将第二个关键帧拉到最低，实现"淡出"效果，如图1-2-139所示。

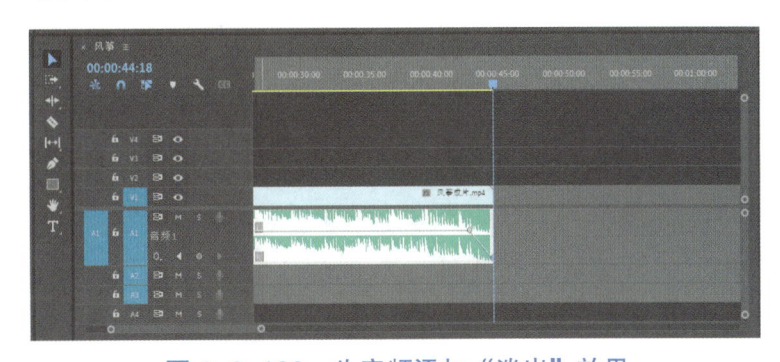

图 1-2-139　为音频添加"淡出"效果

（3）试听整个短视频，调整细节，无误后，保存项目。选择菜单"文件→导出→媒体"（或使用快捷键"Ctrl+M"），设置导出格式为"H.264"，导出作品，如图1-2-140所示。

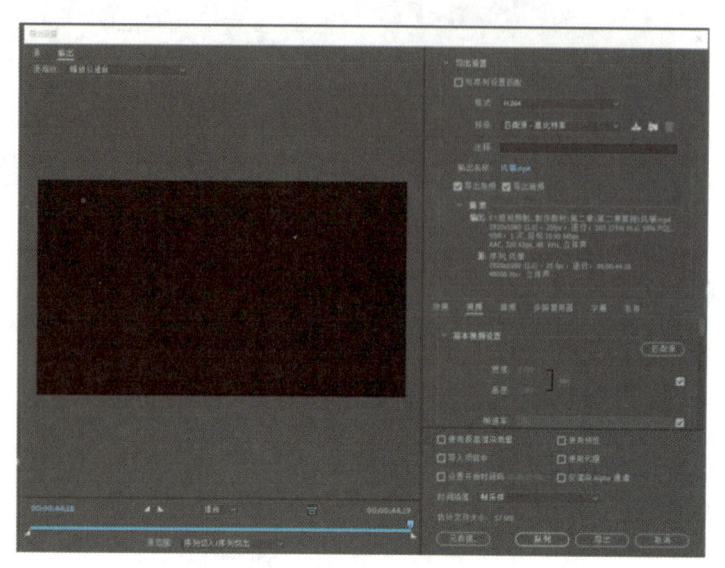

图 1-2-140　保存并导出视频

任务2　短视频发布

对于本项目而言，所制作的短视频应选择以横屏短视频为主的平台进行发布；发布时尽量选择早上 7：00—8：00、中午 12：00—13：00、晚上 18：00—20：00，即用户碎片时间较多的时间段；发布的文案及标签体现"传统文化""非遗文化""风筝"等关键词；制作创意精美的短视频封面进行发布，也可以定位发布地点。

短视频制作完成后，就要进行发布。具体要注意以下几点。

（1）了解网络短视频内容审核标准细则。

（2）发布之前，为自己要发布的短视频提炼有看点的标题。

（3）为自己要发布的短视频制作封面。

（4）登录抖音、快手、哔哩哔哩短视频平台，了解平台发布流程。

（5）了解发布推广技巧，例如发布引导性评论、让好友发布"神回复"，主动回复用户评论等。关联数据指标：播放率、点赞率、评论率、转发率、收藏率。

（6）了解第三方数据分析工具：新榜、飞瓜数据、卡思数据、蝉妈妈。

在发布阶段，创作者要做的工作主要包括选择合适的发布渠道、各渠道短视频数据监控和渠道发布优化。只有做好这些工作，短视频才能够在最短的时间内打入新媒体营销市场，迅速地吸引用户，进而提高知名度。

2.4.4 知识与技能

2.4.4.1 音频轨道

2.4.4.2 音频轨道的控制

2.4.4.3 音频轨道的分类

2.4.4.4 添加和删除音频轨道

2.4.4.5 编辑音频

2.4.4.6 音频转场

2.4.4.7 音频特效

2.4.4.8 Premiere 与 AU 如何降噪

扫码看数字教材

2.5 信息保护

2.5.1 情境说明

《筑梦青春 校园印象》是一曲悠扬的青春赞歌，是一幅绚丽多彩的校园画卷。在这里，我们怀揣着梦想，筑起心中的理想之塔，用汗水和努力浇灌着希望的种子。校园的一草一木、一砖一瓦，都见证着我们筑梦的足迹，记录着我们的坚持与拼搏。那些匆匆而过的日子，那些难以忘怀的瞬间，都凝聚成我们心中最宝贵的校园印象，让我们在青春的道路上更加坚定前行。

《筑梦青春 校园印象》校园宣传短视频样片如图 1-2-141~ 图 1-2-143 所示。

图 1-2-141　片头样片截图

图 1-2-142　主片样片截图

图 1-2-143　片尾样片截图

2.5.2 任务分析与目标

任务描述		校园宣传短视频在提升学校形象、推广校园文化、招生宣传、增强校园凝聚力以及展示学生风采等方面，均发挥着举足轻重的作用。它如同一扇窗口，让外界更直观、更生动地感受到学校的独特魅力与深厚底蕴。 通过短视频制作，掌握短视频添加水印、去除网络素材水印和视频打码等技巧，从而提升视频质量和观感
学习目标	素养目标	1. 通过处理视频素材，养成遵守行业规范和标准的习惯，提升尊重与保护版权的意识； 2. 通过处理包含个人隐私信息的视频，增强隐私保护意识
	知识目标	1. 理解水印在视频内容中的作用； 2. 理解去水印技术和方法的原理； 3. 掌握在 Premiere 中打码的方法
	能力目标	1. 能熟练使用去水印工具对视频中的水印进行有效处理； 2. 能熟练使用 Premiere 软件为视频添加不同类型的水印； 3. 能根据不同的需求选择合适的打码方式； 4. 能熟练为视频打码，并按照需求添加水印
能力标准		新媒体编辑职业技能等级标准： 1.1.2 能掌握知识产权法相关规定，合理使用素材，规范标注引文来源； 3.2.1 能使用剪映、Premiere 等软件制作文字效果； 4.3.6 新媒体信息内容采编、发布要符合互联网信息传播知识产权保护和相关法律法规要求；树立原创新媒体内容的互联网信息传播保护意识。 新媒体技术技能认证标准： 1.1.4 具备法律意识和保密意识； 1.1.5 具备平台规则的学习能力； 2.2.5 具备视频和音乐素材版权意识。 全国职业院校技能大赛"短视频制作"赛项竞赛标准： 字幕清晰、规范，文字正确、无错别字，字幕与画面、解说词匹配
计划学时		6 学时

2.5.3 任务实施

任务1　素材管理

Step01　选择"开始→所有程序→ Adobe → Premiere Pro 2022"，启动 Premiere，弹出"开始"对话框，单击"新建项目"按钮，进入"新建项目"对话框。

Step02　在"名称"文本框中输入"all"，单击"浏览"按钮，选择项目保存的位置，单击"确定"按钮，进入"Premiere Pro 2022"工作界面，如图 1-2-144 所示。

扫码看微课

图1-2-144　"Premiere Pro 2022"工作界面

Step03　选择"文件→新建→序列"命令（或使用快捷键"Ctrl+N"），弹出"新建序列"对话框，序列名称"筑梦青春 校园印象"，选择"AVCHD 1080p 方形像素"模式，如图1-2-145所示，单击"确定"按钮，选择"文件→导入"命令（或使用快捷键"Ctrl+I"），弹出如图1-2-146所示的"导入"对话框，选中本案例中所有素材，单击"打开"按钮，将所有素材导入"项目"面板。

图1-2-145　序列设置　　　　图1-2-146　"导入"对话框

子任务2　去除水印

Step01　将全部素材移动至时间轴上，单击"1.去水印"素材，如图1-2-147所示。

图1-2-147　单击素材

Step02　单击"项目"面板中的"新建项"按钮，单击"颜色遮罩"选项，如图1-2-148所示，打开"新建颜色遮罩"窗口，设置宽度为400、高度为300，如图1-2-149所示，单击"确定"按钮进入遮罩颜色设置窗口。单击"吸管"工具（），然后再次单击视频中蓝色部分以吸取颜色。单击"确定"按钮后将遮罩命名为"水印遮罩"，单击"确定"按钮，完成遮罩创建。

图1-2-148　"颜色遮罩"效果

图1-2-149　设置"颜色遮罩"参数

Step03　在"项目"面板中找到刚刚创建的"水印遮罩"，将其拖拽到视频轨道的上方，如图1-2-150所示。

Step04　在"时间轴"面板中选择"水印遮罩"，在"效果控件"面板中把位置属性的值调整为288、188，效果图如图1-2-151所示。

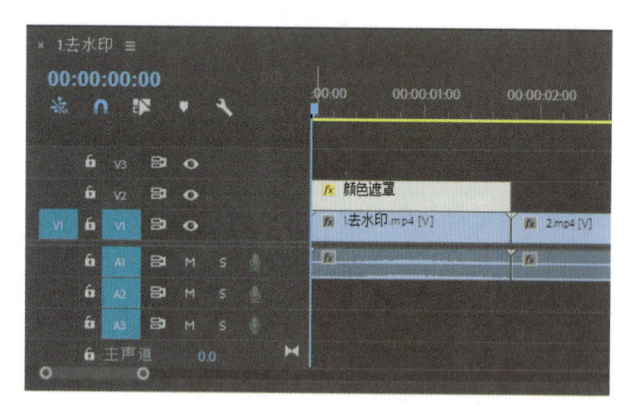

图1-2-150　拖拽视频到轨道

图1-2-151　效果图（一）

任务3　视频打码

Step01　将时间指针移动至"8.视频打码"素材文件，单击"效果控件"，将视频放大至120。

Step02　在"效果"面板中搜索"快速模糊"特效，将"快速模糊"特效拖拽到"8.视频打码"素材上。

Step03　在"效果控件"面板中找到刚刚添加的"快速模糊"特效进行设置，单击"快速模糊"下的"创建4点多边形蒙版"按钮。分别调整四个蒙版的边角，使其框住校徽（可以使用预览窗口左下方的"预览大小调整"按钮来放大画面，从而更精确地调整控制点位置），如图 1-2-152 所示。

图 1-2-152　创建 4 点多边形蒙版

Step04　单击"快速模糊"特效中"蒙版（1）"下的"向后跟踪所选蒙版"按钮，如图 1-2-153 所示，计算完成后再次单击"向前跟踪所选蒙版"按钮，如图 1-2-154 所示。

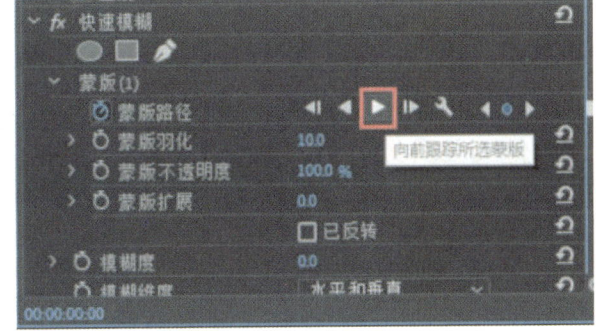

图 1-2-153　向后跟踪所选蒙版

图 1-2-154　向前跟踪所选蒙版

Step05　将"快速模糊"特效的"模糊度"数值设置为 45。

Step06　效果完成，单击预览窗口的"播放"按钮查看最终效果，如图 1-2-155 所示。

图 1-2-155　效果图（二）

任务4　添加水印

Step01　将"添加水印：角标"放置在"V3"视频轨道上。

Step02　调整"角标"缩放为40，位置为210、180，如图1-2-156所示。

图1-2-156　角标素材

Step03　在工具栏中选中"选择"工具，将时间轴中"角标"图层延长至与视频时长相同，如图1-2-157所示。

图1-2-157　延长图层时间

任务5　导出视频

Step01　为每两段视频之间添加"交叉溶解"转场，如图1-2-158所示。

图1-2-158　添加转场

Step02　选择"文件→导出→媒体"命令，弹出"导出设置"对话框，如图1-2-159所示。

图 1-2-159 导出视频

Step03 设置格式为"mp4",宽度为1920,高度为1080,在输出名称"序列01.mp4"处单击,弹出"另存为"对话框,在"文件名"文本框中输入"筑梦青春 校园印象"。

Step04 单击"保存"按钮,然后单击"导出"按钮,即可输出名为"筑梦青春 校园印象.mp4"的视频文件。

2.5.4 知识与技能

2.5.4.1 调整播放时间

2.5.4.2 颜色遮罩

2.5.4.3 字幕简介

2.5.4.4 了解字幕面板

2.5.4.5 蒙版与追踪

扫码看数字教材

2.6 检查评价

2.6.1 检查评价点

(1)熟悉 Premiere 操作界面,掌握各种类型音频、视频文件的导入和音视频生成导出操作;

(2)能根据视频主题,选取合适素材;

(3)能对音视频进行合理分类、科学管理;

(4)掌握音视频素材的剪切、删除及音视频取消链接操作,剪辑出自己想保留的视频片段;

(5)能够根据素材的特点应用"效果"中的特效制作视频、音频的转场效果;

（6）能在"效果控件"面板中，对音视频素材效果属性添加、删除关键帧，制作特效；

（7）能根据素材进行色彩色调调整和视频风格化；

（8）能利用轨道遮罩键和蒙版制作精彩的视频效果；

（9）能依据短视频实际需求为音频添加淡入淡出等适合的过渡效果；

（10）能实现音频素材降噪以及与其他软件的联动使用和卡点制作；

（11）有一定的版权意识，能应用技术手段给视频添加水印或 logo；

（12）能够应用剪映工具箱中的音频工具识别人声生成字幕；

（13）能够应用剪映文本工具新建文本，再通过朗读面板生成音频；

（14）创建的字幕、音频和视频画面相匹配；

（15）所修改的视频具有美观性，不影响主体内容；

（16）生成视频大小及分辨率与推广平台相匹配。

2.6.2 检查评价表

任务名称	实用剪辑	评价人	
检查评价点			评价等级（A、B、C）
素养	通过完成任务，感受最美家乡，感悟自然之美，弘扬中华诗词、非遗等传统文化，提升信息保护意识		
	通过对素材的精剪，培养注重细节、精益求精的职业意识		
	在任务完成过程中，提升解决问题能力、沟通能力与团队合作能力		
知识	熟悉视频常见制式		
	掌握视频制作常用文件格式		
	了解风景名胜类短视频的一般制作流程		
	了解简单的剪辑手法		
	熟悉 Premiere 的工作界面及简单的剪辑操作		
	了解视频转场效果制作方法		
	能够根据素材特点选择合适的转场效果		
	掌握音频转场效果制作方法		
	了解效果面板组相关命令的作用		
	能够使用蒙版和效果组处理素材		
	熟悉视频效果，选取合理效果制作视频		
	了解音频效果控件的特效与转场		

续表

任务名称	实用剪辑	评价人	
		检查评价点	评价等级 （A、B、C）
知识		熟悉音频轨道的使用	
		掌握音频的剪切、关键帧、降噪等效果的使用	
		了解剪映的基本功能和操作界面	
		熟悉字幕和音频在视频中的作用	
		掌握在剪映软件中实现音频转字幕和字幕转音频的方法	
		掌握不同情境下添加水印、去除水印的方法	
		掌握视频细节信息打码保护的方法	
		了解短视频制件流程	
能力		能够准确创建项目、序列并命名	
		能够应用工具箱中的剪辑工具剪辑出自己想保留的视频片段	
		生成视频大小及分辨率与推广平台匹配	
		有一定的版权意识，能应用技术手段给视频添加水印或logo	
		能够根据素材特点选择合适的转场效果	
		根据题材搜集素材的能力	
		将文案视频化的能力	
		推广短视频的能力	
		能熟练使用音频常用特效	
		能完成Premiere与其他软件的联动，最终高效率、高质量地完成音频处理	
		能为影片添加与画面匹配的音频素材，并根据音频节奏调整短视频节奏	
		能够通过视频打码技术，有效保护个人隐私	
		具备选择合适的去除水印的方法与添加水印的能力	
		能完成符合行业要求的高质量成片	
		能使用剪映软件进行音频编辑、识别音频并转成字幕	
		能在音频转成字幕后，正确调整字幕大小、显示时长等属性	
		能使用剪映软件识别字幕转成音频	
		能在字幕转成音频后，依据视频画面正确裁切音频、调整音频显示时长	

2.6.3 作品评价表

评价要点	作品质量标准	评价等级（A、B、C）					
		百脉泉韵	四季之美	泉城济南	风筝之舞	信息保护	音频字幕互转
主题内容	视频内容积极健康、切合主题						
直观感觉	作品内容完整，可以独立、流畅地播放，作品结构清晰						
技术规范	视频作品输出格式符合规定的要求						
	音频、视频设置规格符合规定的要求						
镜头表现	镜头衔接合理						
	音乐配合恰当						
	转场过渡运用合理						
	视频音乐节奏与主题内容相称，音画匹配适当						
字幕音效	字幕与视频搭配恰当						
	原音或配音搭配清晰、对应题材						
	音效的添加起到了烘托气氛的作用						
艺术创新	音视频整体表现形式有创意，风格与画面匹配，能很好地带动观众情绪						
	与视频内容匹配的文字符合主题，新颖、时尚						

2.7 技能测试

一、填空题

1.Premiere Pro 是一款非常优秀的（　　）编辑软件，能对视频（　　）、（　　）、（　　）和文本进行编辑加工。

2.Premiere Pro 可以支持的文件格式有（   ）、（   ）、（   ）和（   ）等。

3.Premiere Pro 是融（   ）和（   ）处理为一体的软件。

4.常用编辑方法有（   ）、（   ）、（   ）。

5.编辑点分两个，分别是（   ）和（   ）。

6.项目窗口是用来管理（   ）的地方。

7.所谓"素材"，指的是未经剪辑的（   ）和（   ）片段。

8.字幕包括（   ）和（   ）两部分。

9.时间线包括多个通道，用来组合（   ）和（   ）。

10.Premiere Pro 利用项目窗口来（   ）和（   ）素材。

11.可以按住（   ）键或（   ）键来选取多个素材。

12.保存的快捷键是（   ）。

13.另存为的快捷键是（   ）。

14.Premiere Pro 是（   ）公司推出的产品。

二、选择题

1.划变按方式划分，可分为（   ）。

A.圈出   B.圈入   C.圈出圈入和帘入帘出

2.（   ）是用来管理剪辑源的地方。

A.Project 窗口   B.Effects 窗口   C.Timeline 窗口

3.打开项目的快捷键是（   ）。

A.Ctrl+O   B.Ctrl+D   C.Ctrl+I

4.群组的快捷键是（   ）。

A.Ctrl+A   B.Ctrl+R   C.Ctrl+G

5.缩小的快捷键是（   ）。

A."-"   B."+"   C.Z

6.Premiere Pro 是一款非常优秀的（   ）软件。

A.视频   B.图形处理   C.视频编辑

7.镜头的切换实际上是软件提供的（   ）。

A.银幕效果   B.过渡效果   C.风格化效果

8.转场也就是（   ）。

A.转换场面   B.场面转换   C.场景转换

9.Premiere Pro 默认（   ）条视频轨道。

A.1   B.2   C.3

10. 选择 Window/Info 命令，可以打开（　　）面板。

A.Video　　　　　　B.Info　　　　　　　C.Title

11. 素材的管理包括导入、删除与（　　）等。

A. 安排位置　　　　B. 素材处理　　　　C. 素材存储

12. 在 Adobe Premiere Pro 众多的窗口当中，居核心地位的是（　　）。

A. 时间线　　　　　B. 视频　　　　　　C. 音频

13. Timeline 窗口中主要区域是用于放置素材的（　　）。

A. 轨道　　　　　　B. 类型　　　　　　C. 修改

14. "剃刀"工具就是用来（　　）的。

A. 剪断影片　　　　B. 剪断操作　　　　C. 剪断素材

15. 如果需要在剪裁素材时尽可能精确，可以使用（　　）模式。

A.Trim　　　　　　B.Program　　　　　C.Monitor

16. 另存为副本的快捷键是（　　）。

A.Ctrl+S　　　　　B.Ctrl+Shift　　　　C.Ctrl+Alt+S

三、操作题

测试 1：制作以展示济南风景名胜为主题的短视频，最终效果如图 1-2-160 所示。

知识点提示：新建序列；导入所需图片素材和音频素材；在时间线上安排素材；添加音频素材；导出 mp4 格式视频。

扫码看微课

图 1-2-160　测试 1 效果展示

测试 2：制作《中国高铁》短视频，最终效果如图 1-2-161 所示。

知识点提示：新建序列；导入所需素材；制作图形转场效果。

图 1-2-161　测试 2 效果展示

测试 3：制作《一起看见温暖有力量的中国》片头视频，最终效果如图 1-2-162 所示。

知识点提示：新建序列；导入所需素材；运用"渐变"效果为标题文字添加金属渐变的效果；利用蒙版路径实现文字逐渐显现的动画效果。

图 1-2-162　测试 3 效果展示

测试 4：在测试 3 片头后制作《一起看见温暖有力量的中国》短视频，最终效果如图 1-2-163 所示。

知识点提示：规划主题，构思设计思路；导入素材，制作视频部分，运用转场、文字、效果等技术完成完整短视频的制作。

图 1-2-163　测试 4 效果展示

技能拓展

AI短视频剪辑制作

　　AI 技术迅猛发展，使各行各业都迎来了新的机遇和挑战，短视频行业更是发生了颠覆性的变化。AI 的强大生产力使原本复杂的制作短视频的工作变得简单、轻松，只需一段 AI 生成的文案、几张 AI 绘制的图片或几段视频素材，就能够一键生成短视频，创作效率得到了极大提升。应用剪映专业版的图文成片可以快速生成视频，应用模板功能，可以一键完成 Vlog 片头制作，下面我们以李清照简介短视频制作为例体会剪映专业版的 AI 视频创作。

　　李清照，号易安居士，济南人，南宋女词人，她既有巾帼之淑贤，更兼具须眉之刚毅。在同代人中，她的诗歌、散文和词学理论都高标一帜、卓尔不凡，她被称为中国文学史上最伟大的一位女词人，有"千古第一才女"之美誉，代表作有《声声慢》《一剪梅》《如梦令》《醉花阴》《武陵春》《夏日绝句》等。李清照在文学领域里取得了多方面的成就，赢得了后世文人的高度赞扬。

　　我们从网络中下载了一段关于李清照简介的视频，并根据视频录制了相关简介的音频文件。接下来用剪映软件把李清照简介音频转成字幕，在感受女词人卓越才华的同时，体会剪映软件在生成字幕方面的优势；将李清照的词《声声慢》文稿转成音频，领略中华诗词的魅力，体会剪映软件在制作音频方面的优势。

1. 在剪映中实现音频转字幕

（1）启动剪映软件。选择"开始→所有程序→剪映专业版"，启动剪映，进入剪映工作界面，单击"开始创作"按钮，进入剪映编辑界面，如图1-2-164所示。

图 1-2-164　剪映编辑界面

（2）导入音频素材。单击"导入"按钮，把"李清照.mp4"和"李清照简介.mp3"导入素材面板区域，再把文件拖到"时间轴"面板轨道上，如图1-2-165所示。

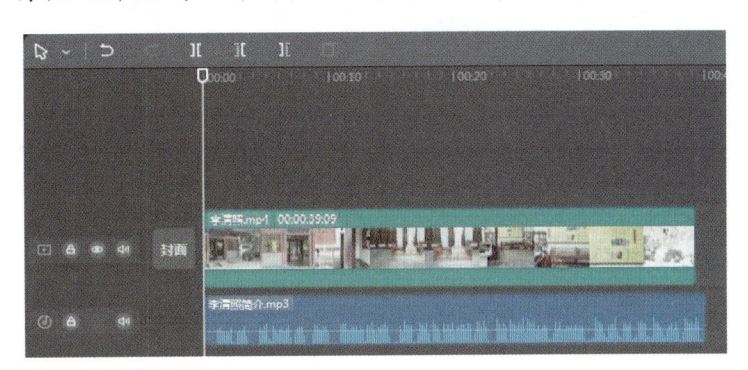

图 1-2-165　音视频轨道

（3）裁剪音频素材。单击音频轨道上的文件，将播放起始位置调整到"00∶00∶00∶25"处，单击"分割"工具将音频文件分成两段，把前面的一段删除后再把后面的一段往前拖动到起始处，让音频显示时长和视频时长相同，如图1-2-166所示。

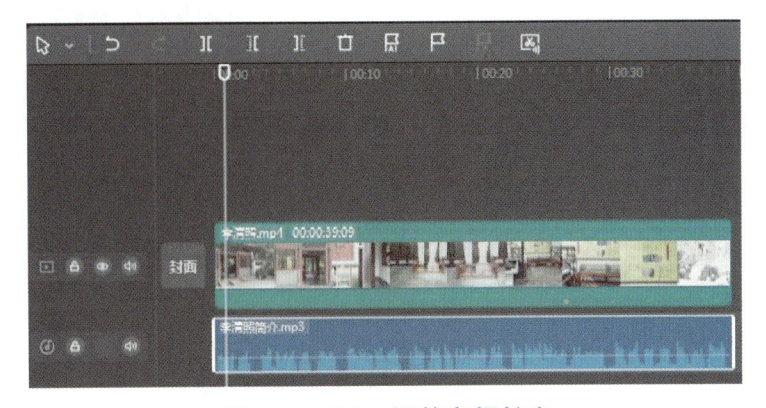

图 1-2-166　调整音频长度

（4）音频转换字幕。选择音频文件，在素材面板上方选择"文本"选项，然后在左侧列表中选择"智能字幕"，在"识别字幕"面板中单击"开始识别"按钮，如图1-2-167所示。

（5）编辑字幕文本。字幕识别成功后分段显示在一个轨道中，如图1-2-168所示。选择所有字幕，在功能面板中选择"文本"选项，统一设置文字样式、大小等属性，如图1-2-169所示，双击字幕可以修改字幕内容，选择字幕后通过"分割"按钮可以分割字幕，拖动字幕边缘可以改变字幕显示时间。

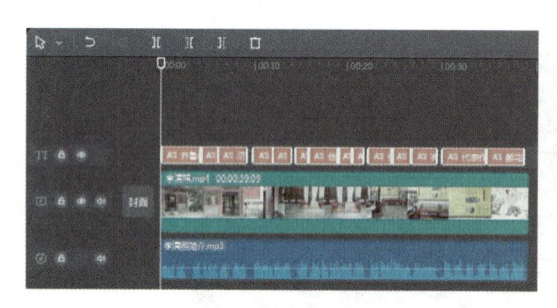

图 1-2-167　字幕识别

图 1-2-168　字幕生成

图 1-2-169　字幕文本属性

（6）导出短视频。单击视频轨道前面的"封面"，选择"封面.jpg"作为封面，也可以用视频某一帧作为封面。单击"导出"选项，设置标题、导出位置、分辨率等参数，最后单击"导出"按钮，如图1-2-170所示。

2. 在剪映中实现字幕转音频

（1）进入剪映编辑界面。选择"开始→所有程序→剪映专业版"，启动剪映。单击"开始创作"按钮，进入剪映编辑界面，如图1-2-171所示。

图 1-2-170　导出设置

图 1-2-171　剪映编辑界面

（2）新建文本。单击"导入"按钮，把视频文件"声声慢.mp4"导入素材面板区域，再把视频文件拖到"时间轴"面板轨道上，把播放起始位置拖动到视频结尾处，单击素材面板上方的"文本"选项，选择左侧"新建文本"，把"默认文本"添加到轨道，如图 1-2-172 所示。双击播放器面板的"默认文本"，把《声声慢》文本复制到该位置，在功能面板处调整文本的字号、字间距、行间距等属性，让文本在播放器窗口完全显示，如图 1-2-173 所示。

图 1-2-172　新建文本　　　　　　图 1-2-173　调整文本属性

（3）朗读文本。单击功能面板上方的"朗读"选项，选择一种朗读风格，勾选"朗读跟随文本更新"，单击"开始朗读"按钮，如图 1-2-174 所示。

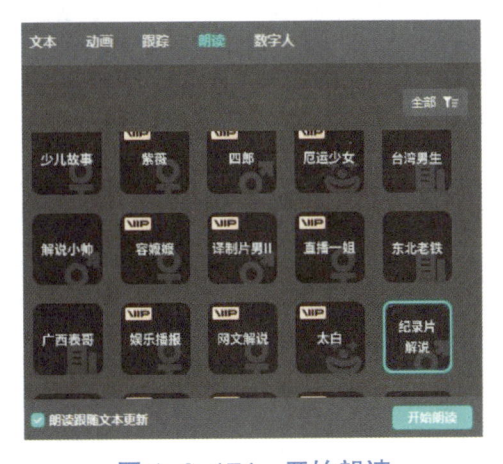

图 1-2-174　开始朗读

（4）生成音频轨道。朗读结束后，在"时间轴"面板音频轨道就生成了对应的音频，再把音频拖动到轨道最左侧，如图1-2-175所示。

图1-2-175　生成音频

（5）编辑音频。删除"声声慢"文本，选择音频轨道的音频，把播放起始位置移到每句诗词停顿处，通过分割工具对其进行分割，如图1-2-176所示。

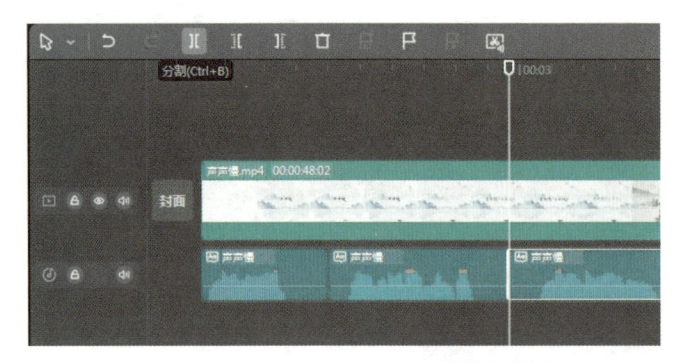

图1-2-176　分割音频

（6）同步音视频。音频分割完成后，再根据视频内容调整音频片段的位置，让音频和视频同步，如图1-2-177所示。

图1-2-177　音频视频同步

（7）导出视频。单击视频轨道前面的"封面"，可以以视频某一帧或者本地一张图片作为封面。单击"导出"选项，设置标题、导出位置、分辨率等参数，最后单击"导出"按钮，如图1-2-178所示。

总之，字幕是指以文字形式显示电视、电影、舞台作品中的对话等非影像内容，也泛指影视作品后期加工的文字。字幕在短视频中不仅扮演着信息传达的重要角色，更是提升视频质量和吸引观众的关键要素，具有不可或缺的地位和功能。音频在视频中扮演着重要的角色，良好的音频质量和声音设计可以给观

图1-2-178　导出设置

众带来愉悦的听觉感受，能够增强视频的表现力和吸引力。

如今，我国正在加快建设现代化产业体系，构建人工智能等一批新的增长引擎，加快发展数字经济，促进数字经济和实体经济的深度融合，以中国式现代化全面推进中华民族伟大复兴。而在这场 AI 浪潮中，我们只有主动去学习并掌握相关的技术，才能找到新的发展机会，也才能为我国科技创新、坚持创造、建设社会主义现代化科技强国的目标做出贡献。

拓展评价

分类	指标说明	完成情况
音频转字幕	能使用剪映软件进行音频编辑	☆☆☆☆☆
	能识别音频并转成字幕	☆☆☆☆☆
	能在音频转成字幕后，正确调整字幕大小、显示时长等属性	☆☆☆☆☆
	字幕添加位置不突兀，符合画面内容及审美	☆☆☆☆☆
字幕转音频	能使用剪映软件识别字幕转成音频	☆☆☆☆☆
	能在字幕转成音频后，依据视频画面正确裁切音频、调整音频显示时长	☆☆☆☆☆
	通过为李清照诗词视频添加音频，体会中华诗词文化的博大精深，弘扬中国传统文化	☆☆☆☆☆

举一反三

（1）根据所学，完成样片效果。

（2）除剪映外，还有其他软件或者平台可以实现文稿和语音的转换。同学们可以通过网络搜集具有同等功能的软件或者平台，实现李清照介绍文案和语音的转换。

（3）利用已有素材，运用剪映的相关功能制作其他著名古人的简介视频，可自选人物，素材不限，完成后发布到自己的账号。

知识与技能

为了让视频的信息更丰富，重点更突出，很多视频都会添加一些文字，例如视频的标题、字幕、关键词、歌词等。除此之外，为文字增加一些贴纸或动画效果，并将其安排在恰当位置，还能让视频画面更生动有趣。

剪映有多种添加字幕的方法，用户可以手动输入，也可以使用识别功能自动添加，还可以使用朗读功能实现字幕和音频的转换。

学思践悟

短视频行业飞速发展，短视频作为新型媒体，正在慢慢地改变我们的生活。众人对短视频看法不一，有褒有贬。有人认为短视频耗费大量时间，传播一些低俗观念，不利于身心健康。有人则认为短视频表现力强、直观，而且大部分视频相对较短，有助于人们利用碎片化时间进行信息的获取，能够提高效率，并且有助于人们学习各个领域的知识，在娱乐中了解世界。

新事物的出现并无好坏之分，重要的是使用的人如何对待。我们可以做的，就是趋利避害，利用其带来精神上的娱乐和放松，成为我们学习的便捷工具。

思考：

1.你喜欢看短视频吗？原因是什么？

2.你发布过短视频吗？如果发布过，是关于哪方面内容的？

2 实践模块

未来短视频行业的门槛会越来越高，学好最基本的剪辑技能有助于提高同学们的岗位竞争力，在行业中走得更高、更远。本模块在基础模块学习的基础上，通过三个难度递进的工作项目，全流程展示短视频的策划思路与制作技巧，使同学们进一步夯实应用Premiere软件进行短视频制作的技能，学习剪映软件制作短视频的方法与技巧，提升短视频制作水平和审美能力。

素养目标

1. 具有精益求精、尽善尽美的短视频剪辑制作态度；
2. 具有短视频项目制作的团队合作、协调沟通意识；
3. 具有创新思维与解决问题的能力。

知识目标

1. 熟悉使用 Premiere 制作短视频的流程；
2. 掌握剪映界面和操作流程。

能力目标

1. 能熟练应用 Premiere 软件进行转场、特效、字幕、声音等短视频剪辑制作；
2. 掌握剪映的应用方法与技巧；
3. 能通过添加效果或多种素材的组合使短视频呈现出不同的风格。

项目一　非遗类短视频制作——莱芜锡雕

1.1　项目导入

1.1.1　项目背景

锡雕也称"锡艺""锡器",是广泛流行于我国民间的一种传统锡作艺术。锡雕具有"亮如银、明如镜"的特点,所雕刻为宫廷御用或官用。其制作工艺自成体系,主要包括熔化、铸片、造型、剪料、刮光、焊接、擦亮、装饰、雕刻等工序和技巧,生产时按实用功能构造器物形制。莱芜锡雕是流行于山东省莱芜地区的传统锡作艺术,制作的成品锡器造型丰富,装饰精巧,充分体现出设计制作者的匠心,是山东省省级非物质文化遗产,今天我们就一起开启黄河之滨的非遗文化之旅,探究莱芜锡雕的前世今生。

1.1.2　学习目标

素养目标

1.通过拍摄锡雕短视频素材,感受锡雕非遗文化之美;

2.通过视频创作,培养团队合作、协调沟通意识;

3.享受创作过程,增强短视频创作职业幸福感。

知识目标

1.掌握远景、中景、近景等镜头拍摄常识;

2.掌握镜头拼接原理及选择;

3.熟悉音视频分离常识;

4.掌握关键帧的功能;

5.掌握字幕添加的方法。

能力目标

1.能根据短视频需求选取合适的拍摄镜头;

2.能对素材进行精准裁剪和拼接;

3.能熟练使用关键帧制作动感效果;

4.能熟练使用文字工具、旧版标题制作字幕;

5. 能实现音视频同步和导出。

1.1.3 项目任务单

莱芜锡雕著称于世,为宣传锡雕工艺,让大众深入了解锡雕,计划以莱芜锡雕为载体展示中国非遗独特的魅力。《锡雕工艺》公益短视频任务单如表 2-1-1 所示。

表 2-1-1 《锡雕工艺》公益短视频任务单

项目:《锡雕工艺》公益短视频	
背景意义	在我国民间手工艺中,锡雕工艺发源于山东莱芜,莱芜锡雕著称于世。莱芜锡雕是山东省省级文化遗产,它的锡雕工艺历史悠久,早在明清时期,莱芜制锡业就名扬华夏神州。莱芜锡雕制作的成品锡器造型丰富,装饰精巧,充分体现出设计制作者的匠心
短视频文案	莱芜锡雕历史悠久,早在明清时期,莱芜制锡世家王家就名扬华夏神州,"凤王祥"锡雕工艺现已列入国家级非物质文化遗产,受到国家的保护。 锡雕非常讲究细致的雕刻手法和精巧的装饰,以充分展现出雕刻人的心境。山东莱芜保存了历史悠久的锡雕传统制作工艺,它连接着丰富而生动的地方民俗和风土人情。如今锡雕的手艺人在平凡的生活中默默传承着这门精美的手艺。虽然时代的进步让越来越多的机器代替手工,但是传统手工艺不能被丢弃,相信在越来越多爱好者的考究钻研下,锡雕的手工艺还会越来越精湛,锡雕的传统文化素养也会源远流长,锡雕的未来一片光明,后代人一定会带着这片光明奋力前行,锡雕工艺将被完美地传承下去
应用场景	一、主要平台:抖音、微信视频号 抖音平台多元化,日活跃量高,用户地域范围及年龄层次覆盖广泛,能更好地向各类用户科普锡雕文化。 二、辅助平台:快手、小红书 多平台转发视频,共同传播,有不同人群和活跃的社区,更全面覆盖不同平台的用户
素材基础	社团已经撰写了短片文稿,拍摄锡雕视频素材

1.2 项目实施

1.2.1 制作分析

《锡雕工艺》制作分析如表 2-1-2 所示。

表 2-1-2 《锡雕工艺》制作分析

任务 1 导入素材	在"项目"面板空白处单击鼠标右键,在快捷菜单中选择"导入"命令,将素材导入"项目"面板中
任务 2 制作片头	使用文字工具制作文字,使用模糊效果关键帧制作片头擦除出场动画
任务 3 制作片尾	使用文字工具制作文字,使用模糊效果关键帧制作片尾擦除入场动画

续表

任务 4 制作成片	1. 使用工具栏中的"剃刀"工具裁切素材。 2. 使用"右键快捷菜单→取消链接",使音视频分离,单击选择多余音频素材,按"Delete"键删除。 3. 使用"文字"工具添加文字。 4. 使用"钢笔"工具制作图形。 5. 使用"旧版标题"制作字幕。 6. 使用"效果控件"面板制作关键帧动画。 7. 调整素材,拼接完善。 8. 添加转场,使素材拼接过渡更自然
任务 5 输出与发布	输出视频作品,选择平台进行发布

1.2.2 具体实施

扫码观看样片《锡雕工艺》公益短视频片头、主片、片尾如图 2-1-1~图 2-1-3 所示。

图 2-1-1 《锡雕工艺》公益短视频片头

图 2-1-2 《锡雕工艺》公益短视频主片

图 2-1-3 《锡雕工艺》公益短视频片尾

扫码看参考样片

任务1 导入素材

Step01 创建项目。选择菜单"开始→所有程序→Adobe→Premiere Pro 2022",启动 Premiere,弹出"开始"对话框,单击"新建项目"按钮,进入"新建项目"。在"名称"文本框中输入"锡雕工艺",单击"浏览"按钮,选择项目保存的位置,单击"确定"按钮,进入"Premiere Pro 2022"工作界面。

Step02 导入素材。在"项目"面板空白处单击鼠标右键,在弹出的快捷菜单中选择"新建项目→序列"命令,弹出"新建序列"对话框,在"序列名称"中输入"锡雕工艺",在"设置"选项卡中将"编辑模式"选项设置为"自定义",将"时基"选项设置为"50.00帧/秒",将"帧大小"设置为"3840×2160",将"像素长宽比"设置为"方形像素(1.0)",将"场"设置为"无场(逐行扫描)",单击"确定"按钮,如图2-1-4所示。在"项目"面板空白处单击鼠标右键,在快捷菜单中选择"导入"命令(或使用快捷键"Ctrl+I"),弹出"导入"对话框,如图2-1-5所示。选中本案例中所有的素材,单击"打开"按钮,将素材导入"项目"面板,如图2-1-6所示。

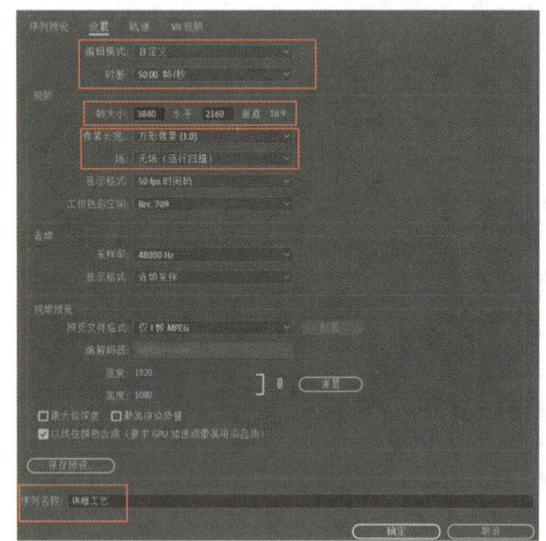

图 2-1-4　序列设置　　　　　　　　　图 2-1-5　"导入"对话框

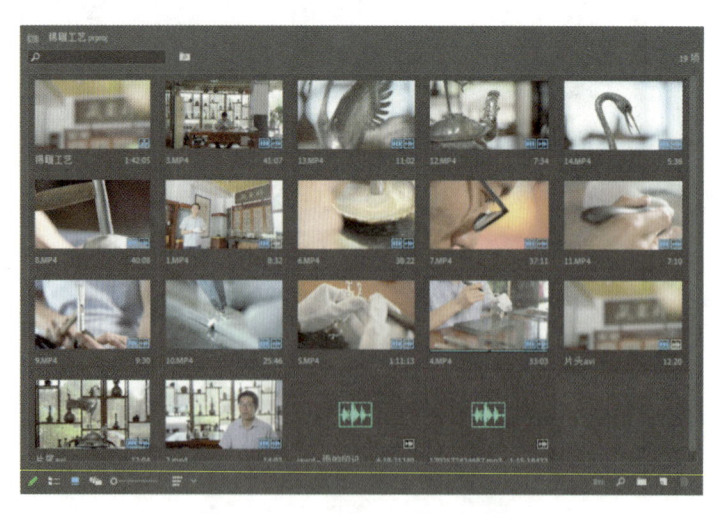

图 2-1-6　"项目"对话框

Step03 导入视频轨道。在"项目"面板上选中"片头.mp4"视频素材,将其拖拽至"时间轴"面板"V1"视频轨道的时间码起始处,如图2-1-7所示。

图 2-1-7　导入素材界面

任务2　制作片头

Step01　拖入素材。在"项目"面板上选中"片头素材.mp4"视频素材，将其拖拽至"时间轴"面板"V1"视频轨道的时间码起始处。

Step02　添加效果。打开"效果"面板，搜索特效"高斯模糊"，将特效添加到"片头素材"上，在"时间轴"面板码框中输入"00∶00∶06∶34"。选择左上角"效果控件"面板，单击特效"高斯模糊"中模糊度旁的秒表按钮，设置关键帧，将参数设置为150.0。在"时间轴"面板码框中输入"00∶00∶07∶45"，将参数设置为0.0，将下方重复边缘像素勾选。

Step03　制作文字。选择菜单"文件→新建→旧版标题"命令，弹出"新建字幕"对话框，单击"确定"按钮，弹出"旧版标题"面板，选择"文字"工具，输入"锡雕工艺"调整文字位置大小，将素材"片头印章"放至文字"锡雕工艺"右侧，如图2-1-8所示。

图 2-1-8　印章位置调整

Step04　嵌套图层。选中文字"锡雕文化"与图片"片头印章"，单击鼠标右键，打开"快捷菜单"，选择"嵌套"效果，弹出"嵌套序列名称"一栏，单击"确定"按钮。

Step05　擦除效果。在右方效果中搜索效果"线性擦除",将其添加到新建嵌套上,选择左上角"效果控件"面板,将"擦除角度"改为-90.0°,将"羽化"改为90.0,在"时间轴"面板码框中输入"00∶00∶01∶04",单击"过渡完成"旁的秒表按钮,将"过渡完成"设置为90.0%,在"时间轴"面板码框中输入"00∶00∶05∶14",将"过渡完成"设置为0。在"时间轴"面板码框中输入"00∶00∶06∶25",单击"不透明度"旁秒表按钮,将参数设置为100%,在"时间轴"面板码框中输入"00∶00∶07∶29",将不透明度参数设置为0,如图2-1-9所示。

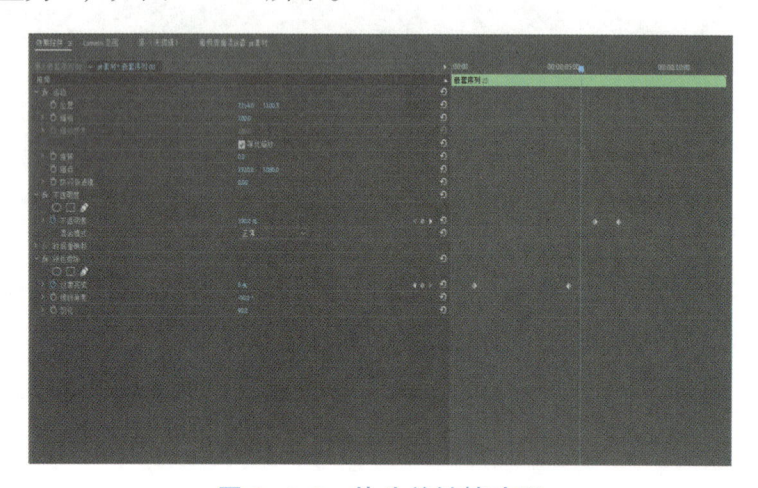

图2-1-9　片头关键帧动画

Step06　导出片头。选择菜单"文件→导出→媒体"(或使用快捷键"Ctrl+M"),弹出"导出设置"面板,格式选择"H.264",单击输出名称,弹出"另存为"对话框,设置"导出路径",文件名输入"片头",单击"保存"按钮,勾选"导出视频"和"导出音频",勾选"使用最高渲染质量",时间插值选择"帧混合",单击"导出"按钮,导出设置如图2-1-10所示。

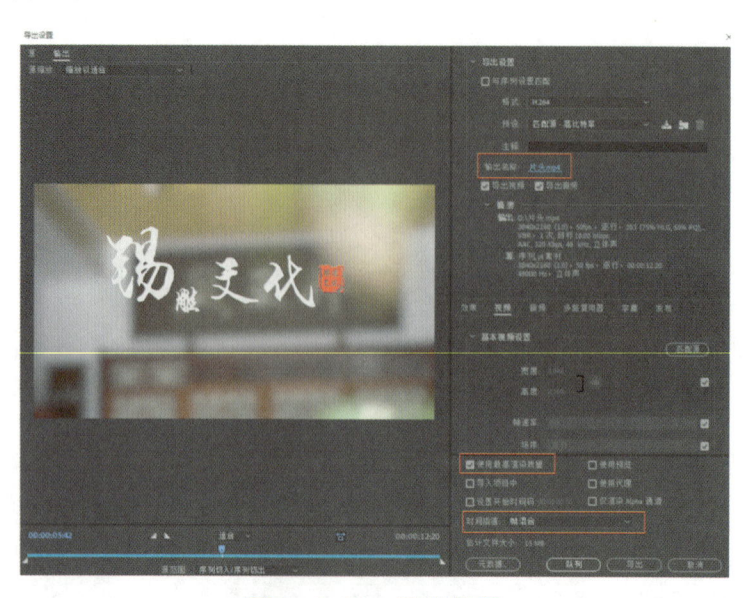

图2-1-10　导出设置

任务3　制作片尾

Step01　打开软件。选择菜单"开始→所有程序→Adobe→Premiere Pro 2022"，启动Premiere，弹出"开始"对话框，单击"新建项目"按钮，进入"新建项目"。

Step02　新建项目。在"名称"文本框中输入"片尾"，单击"浏览"按钮，选择项目保存的位置，单击"确定"按钮，进入"Premiere Pro 2022"工作界面。

Step03　新建序列。在"项目"面板空白处单击鼠标右键，在弹出的快捷菜单中选择"新建项目→序列"命令，弹出"新建序列"对话框，在"序列名称"中输入"片尾"，在"设置"选项卡中将"编辑模式"选项设置为"自定义"，将"时基"选项设置为"50.00帧/秒"，将"帧大小"设置为"3840×2160"，将"像素长宽比"设置为"方形像素（1.0）"，将"场"设置为"无场（逐行扫描）"，单击"确定"按钮。在"项目"面板空白处单击鼠标右键，在快捷菜单中选择"导入"命令（或使用快捷键"Ctrl+I"），弹出"导入"对话框。选中本案例中所有的素材，单击"打开"按钮，将素材导入"项目"面板。

Step04　拖入素材。在"项目"面板上选中"片尾素材.mp4"视频素材，将其拖拽至"时间轴"面板"V1"视频轨道的时间码起始处。

Step05　模糊效果。打开"效果"面板，搜索特效"高斯模糊"，将特效添加到"片尾素材"上，在"时间轴"面板码框中输入"00：00：01：16"。选择左上角"效果控件"面板，单击特效"高斯模糊"中模糊度旁的秒表按钮，设置关键帧，将参数设置为0.0。在"时间轴"面板码框中输入"00：00：03：29"，将参数设置为150.0，将下方重复边缘像素勾选。

Step06　制作文字。选择菜单"文件→新建→旧版标题"命令，弹出"新建字幕"对话框，单击"确定"按钮，弹出"旧版标题"面板，选择"文字"工具，输入"传承传统文化"，调整文字位置大小，将素材"片尾印章"放至文字"传承传统文化"右上角，如图2-1-11所示。

图2-1-11　文字与印章位置调整

Step07　嵌套图层。选中文字"传承传统文化"与图片"片尾印章"，单击鼠标右键打开"快捷菜单"，选择"嵌套"效果，弹出"嵌套序列名称"对话框，单击"确定"按钮。

Step08　添加效果。在右方效果中搜索效果"线性擦除"，将其添加到新建嵌套上，选择左上角"效果控件"面板，将"擦除角度"改为-90.0度，将"羽化"改为90.0，在"时间轴"面板码框中输入"00：00：02：39"，单击"过渡完成"旁的秒表按钮，将"过渡完成"设置为83.0%，在"时间轴"面板码框中输入"00：00：05：14"，将"过渡完成"设置为5%。

Step09　导出片尾。选择菜单"文件→导出→媒体"（或使用快捷键"Ctrl+M"），弹出"导出设置"面板，格式选择"H.264"，单击输出名称，弹出"另存为"对话框，设置"导出路径"，文件名输入"片尾"，单击"保存"按钮，勾选"导出视频"和"导出音频"，勾选"使用最高渲染质量"，时间插值选择"帧混合"，单击"导出"按钮。

任务4　制作成片

Step01　删除音频。在"V1"视频轨道上选中"片头.mp4"素材，单击鼠标右键，在快捷菜单中选择"取消链接"命令，单击"A1"音频轨道的音频，按"Delete"键将其删除。

Step02　裁剪视频。从"项目"面板中把"手拿锡雕.mp4"拖拽至"时间轴"面板"V1"视频轨道中，将素材"手拿锡雕.mp4"起始处与素材"片头.mp4"结束处拼接，在"时间轴"面板时间码框中输入"00：00：18：08"，选中工具栏中的"剃刀"工具（▸）（或使用快捷键"C"），将素材"手拿锡雕.mp4"裁切成两段，选中工具栏中的"选择"工具，选中后段视频素材，按"Delete"键删除，如图2-1-12所示。

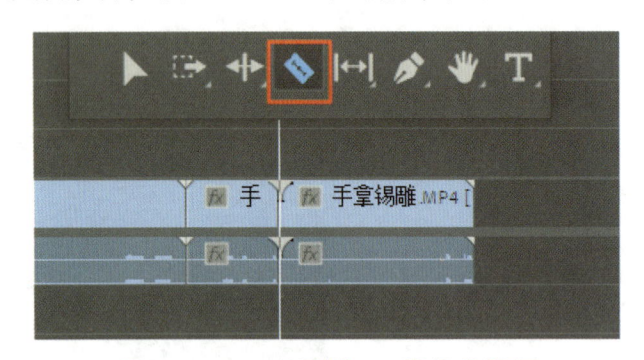

图2-1-12　利用剃刀工具裁剪视频

Step03　拼接素材。按顺序依次将素材"自我介绍.mp4""雕刻工作.mp4""纹样刮擦.mp4""纹样处理.mp4""细致打磨.mp4""刻苦钻研.mp4""慢节奏敲打.mp4""快节奏敲打.mp4""锡焊.mp4""雕刻纹样.mp4""锡刻下部展示.mp4""锡刻中部展示.mp4""锡刻上部展示.mp4""片尾.mp4"放入"V1"视频轨道中，将素材的起始处与上一个素材的结束处拼接，保持画面连贯，如图2-1-13所示。

图2-1-13　拼接素材

Step04　添加文字。单击工具栏中的"文字"工具（或使用快捷键"T"），在"节目"面板中输入"王绪贤"和"莱芜锡雕第九代传人"，分别添加至"V2"视频轨道、"V3"视频轨道，选中"王绪贤"，单击鼠标右键，在快捷菜单中选择"速度/持续时间"，弹出"剪辑速度/持续时间"对话框，将持续时间更改为"00：00：14：03"，单击"确定"按钮，再将文字起始处与"自我介绍"起始处对齐，并对文字"莱芜锡雕第九代传人"进行相同操作处理。打开"王绪贤""效果控件"面板，设置 X 轴位置为"3430"，设置 Y 轴位置为"1563"，再打开"莱芜锡雕第九代传人""效果控件"面板，设置 X 轴位置为"3555"，设置 Y 轴位置为"1969"。使用"钢笔"工具，绘制一个"楼梯"状的图形，单击右上角"基本图形文字"中的"形状01"，更改"外观"中的填充，将颜色调整为深黄色，"复制→粘贴"图形放在第一个图形的右下方，调整颜色为白色，如图 2-1-14 所示。

图 2-1-14　添加文字

Step05　制作关键帧动画。单击选中文字"莱芜锡雕第九代传人"，打开"效果控件"面板，将"时间指示器"拖动至"19秒43帧"，单击"不透明度"左侧"小秒表"添加第一个关键帧，"不透明度"设置为"0"，将"时间指示器"拖动至"20秒45帧"，"不透明度"设置为"100％"，此时自动生成第二个关键帧，再将"时间指示器"拖动至"30秒49帧"，"不透明度"设置为"100％"，单击右侧"添加/移除关键帧"按钮，添加第三个关键帧，最后将"时间指示器"拖动至"32秒04帧"，不透明度设置为"0"，此时自动生成最后一个关键帧，文字的出现与消失的关键帧动画制作完成，文字"王绪贤"动画效果使用上述相同操作进行制作，如图 2-1-15 所示。

图 2-1-15　关键帧动画

Step06 添加转场。打开"效果"面板，选择"视频过渡→溶解→交叉溶解"，如图2-1-16所示，将该效果分别拖拽至"细致打磨.mp4""快节奏敲打.mp4""锡焊.mp4""雕刻纹样.mp4""锡雕下部展示.mp4"起始处。在时间轴上选择添加的"交叉溶解"效果，单击鼠标右键，在快捷菜单中选择"设置过渡持续时间"，将持续时间设置为"00：00：00：25"。打开"效果控件"面板，选择对齐方式为"起点切入"，效果对齐方式设置如图2-1-17所示。

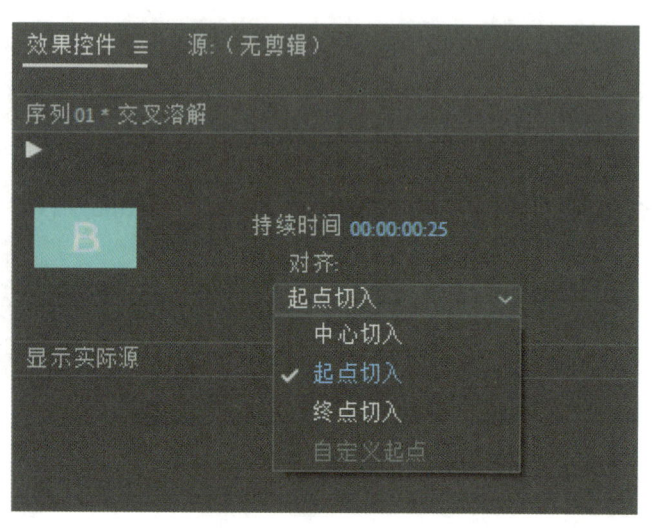

图 2-1-16　"效果"面板　　　　　图 2-1-17　效果对齐方式设置

Step07 裁切音频。将"项目"面板的"配音.mp3"拖拽至"时间轴"面板"A3"音频轨道，音频开始处定位在时间码"00：00：00：00"处。使用"剃刀"工具将音频裁切成多段，音频裁切点如表2-1-3所示。

表 2-1-3　音频裁切点

裁切点 1	裁切点 2	裁切点 3	裁切点 4	裁切点 5
00：00：01：38	00：00：03：00	00：00：03：24	00：00：06：31	00：00：07：04
裁切点 6	裁切点 7	裁切点 8	裁切点 9	裁切点 10
00：00：11：19	00：00：13：01	00：00：25：15	00：00：28：26	00：00：33：40
裁切点 11	裁切点 12	裁切点 13	裁切点 14	裁切点 15
00：00：38：15	00：00：42：25	00：00：48：45	00：00：53：11	00：00：56：23
裁切点 16	裁切点 17	裁切点 18	裁切点 19	
00：00：59：36	00：01：02：31	00：01：05：46	00：01：08：19	

Step08 删除音频。选择时间码"00：00：03：00~00：00：03：24""00：00：06：31~00：00：07：04""00：00：13：01~00：00：25：15"三段音频，按"Delete"键删除。

Step09　调整音频。将裁剪分段后的音频左键拖拽至与画面匹配的位置，音频起始点拖动位置如表 2-1-4 所示，全部拖动后即可实现音画同步。

表 2-1-4　音频起始点拖动位置

序号	拖拽前起始点	拖拽后起始点	序号	拖拽前起始点	拖拽后起始点
1	00：00：01：38	00：00：02：06	9	00：00：42：25	00：00：52：43
2	00：00：03：24	00：00：03：40	10	00：00：48：45	00：01：01：40
3	00：00：07：04	00：00：08：05	11	00：00：53：11	00：01：06：14
4	00：00：11：19	00：00：12：39	12	00：00：56：23	00：01：10：29
5	00：00：25：15	00：00：32：09	13	00：00：59：36	00：01：14：31
6	00：00：28：26	00：00：35：41	14	00：01：02：31	00：01：18：31
7	00：00：33：40	00：00：42：21	15	00：01：05：46	00：01：23：39
8	00：00：38：15	00：00：47：13	16	00：01：08：19	00：01：26：29

Step10　制作字幕。选择菜单"文件→新建→旧版标题"命令，弹出"新建字幕"对话框，单击"确定"按钮，弹出"旧版标题"面板，选择"文字"工具，输入"莱芜锡雕历史悠久"，在工具栏"中心"处将字幕设置为垂直居中对齐，在"旧版标题属性"面板中设置 X 轴位置为 1920，Y 轴位置为 2005，字体修改为"楷体"，勾选"阴影"复选框，字幕参数如图 2-1-18 所示，选择字幕菜单栏"基于当前字幕新建字幕"，弹出"新建字幕"对话框，单击"确定"按钮，选择"文字"工具，将上一句字幕删除，输入下一句字幕"早在明清时期"，在工具栏"中心"处将字幕设置为垂直居中对齐，后续字幕与上述操作相同，即可完成字幕制作，完整拼接字幕如图 2-1-19 所示。

图 2-1-18　字幕参数

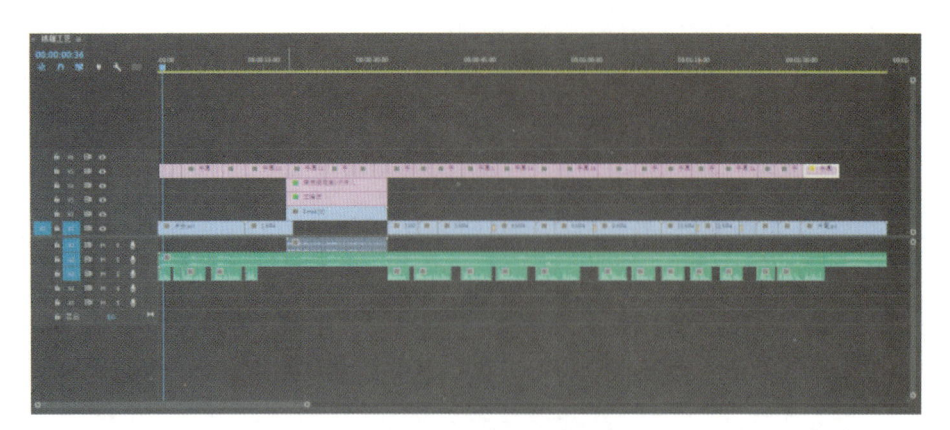

图 2-1-19　完整拼接字幕

任务5　输出与发布

Step01　导出视频。将做好的片头、主片、片尾拖入"V1"视频轨道进行拼接，选择菜单"文件→导出→媒体"（或使用快捷键"Ctrl+M"），弹出"导出设置"面板，格式选择"H.264"，单击输出名称，弹出"另存为"对话框，设置"导出路径"，文件名输入"锡雕工艺"，单击"保存"按钮，勾选"导出视频"和"导出音频"，勾选"使用最高渲染质量"，时间插值选择"帧混合"，单击"导出"按钮，导出设置如图 2-1-20 所示。预览作品并发布到自己的短视频平台账号。

图 2-1-20　导出界面设置

1.3 项目评价

分类	指标说明	完成情况
片头制作	正确创建 Premiere 文件	☆☆☆☆☆
片头制作	能整理并导入素材	☆☆☆☆☆
片头制作	能使用模糊效果制作片头视频	☆☆☆☆☆
片头制作	能使用擦除效果制作标题文字	☆☆☆☆☆
片尾制作	能制作片尾效果	☆☆☆☆☆
片尾制作	能正确导出视频	☆☆☆☆☆
成片制作	能合理选取视频素材	☆☆☆☆☆
成片制作	能正确拼接镜头	☆☆☆☆☆
成片制作	能对视频进行精剪	☆☆☆☆☆
成片制作	能使用文字工具和旧版标题制作字幕效果	☆☆☆☆☆
成片制作	能使用形状工具制作图形条	☆☆☆☆☆
成片制作	能实现音画同步	☆☆☆☆☆

1.4 项目总结

1.4.1 思维导图

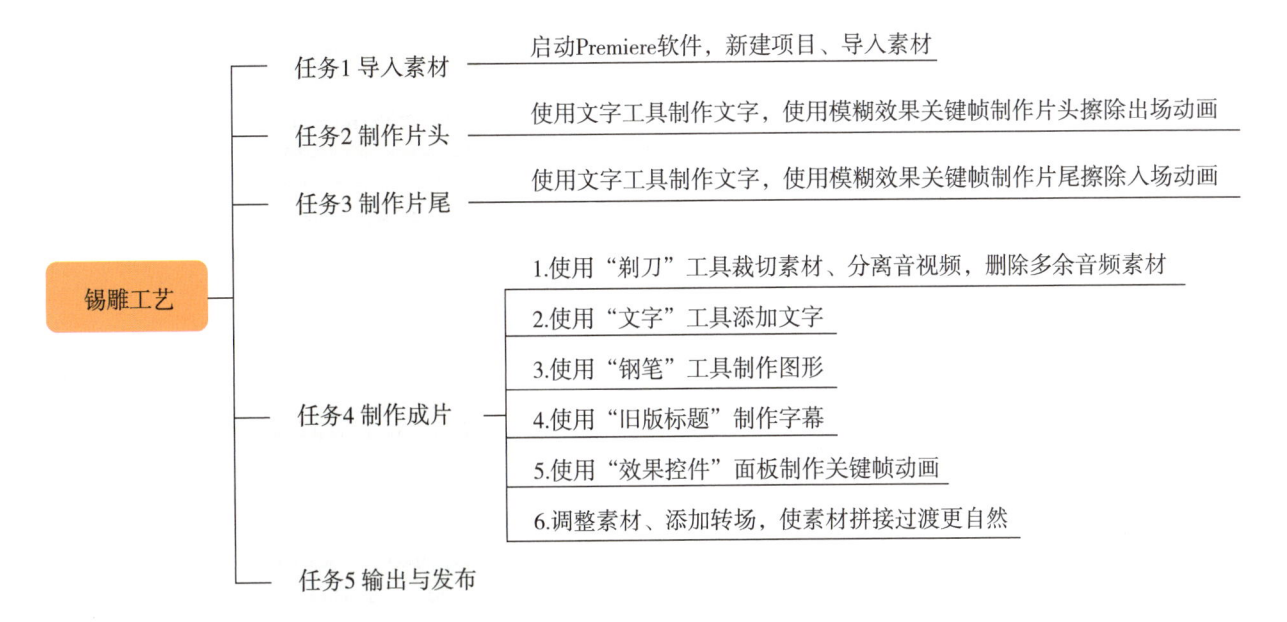

锡雕工艺
- 任务1 导入素材 —— 启动Premiere软件，新建项目、导入素材
- 任务2 制作片头 —— 使用文字工具制作文字，使用模糊效果关键帧制作片头擦除出场动画
- 任务3 制作片尾 —— 使用文字工具制作文字，使用模糊效果关键帧制作片尾擦除入场动画
- 任务4 制作成片
  1. 使用"剃刀"工具裁切素材、分离音视频，删除多余音频素材
  2. 使用"文字"工具添加文字
  3. 使用"钢笔"工具制作图形
  4. 使用"旧版标题"制作字幕
  5. 使用"效果控件"面板制作关键帧动画
  6. 调整素材、添加转场，使素材拼接过渡更自然
- 任务5 输出与发布

1.4.2 举一反三

请参照《锡雕工艺》的制作流程和方法，制作《传统文化》短视频，效果如图2-1-21~图2-1-23所示。

图 2-1-21　《传统文化》片头效果 　　　　图 2-1-22　《传统文化》主片效果

图 2-1-23　《传统文化》片尾效果

1.5　关键技能

1.5.1　Premiere 字幕制作

字幕在视频制作中占据着举足轻重的地位。它们不仅是传递信息的重要桥梁，帮助观众准确理解视频内容，还是增强视觉效果的得力助手，让视频更具吸引力。同时，字幕还能在关键时刻强调情感，深化观众对视频的情感体验。此外，字幕也是文化交流的媒介，深化不同语言背景观众的理解与共鸣。因此，在短视频制作中，巧妙运用字幕能够提升视频的整体质量和观众的观看体验，使视频作品更加出色。

可以按照下面的步骤在 Premiere 中制作字幕。

（1）创建颜色遮罩。启动 Premiere 软件，在项目面板空白处单击鼠标右键，打开项目菜单，在菜单中选择"新建项目→颜色遮罩"。弹出"新建颜色遮罩"对话框，将宽度设置为 1920，高度设置为 1080，时基为 60.00 fps，像素长宽比为方形像素（1.0）。单击"确定"按钮，弹出"拾色器"对话框，输入颜色编码"FFFFFF"，单击"确定"按钮，输入名称，再次单击"确定"按钮成功创建颜色遮罩。"新建颜色遮罩"对话框如图 2-1-24 所示。

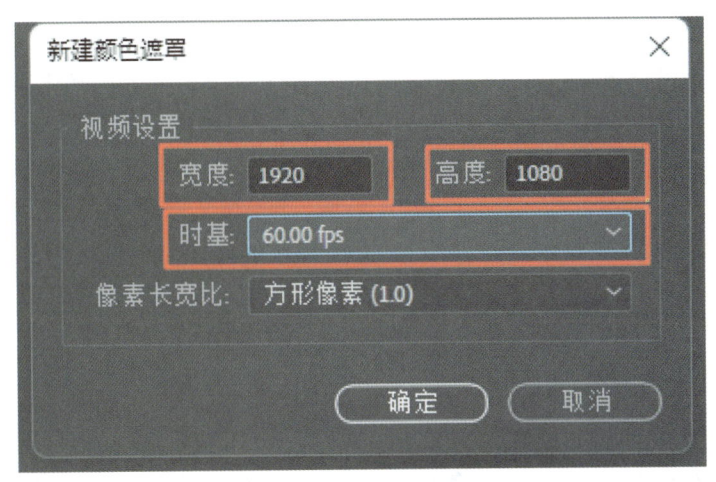

图 2-1-24 "新建颜色遮罩"对话框

（2）制作文字效果。按住鼠标左键将新建的彩色遮罩拖入"V1"视频轨道，单击工具栏中的"文字"工具，单击"节目"面板空白处，创建图形图层，输入文字"文明古城"。在"效果控件"面板，单击文本左侧箭头打开"文本编辑"面板。使用字体为汉仪孙尚香，选择居中对齐文本，字号大小180，填充颜色为水蜜桃粉，颜色编码"FF9494"。勾选描边复选框，开启描边，将描边颜色更改为黄色，颜色编码"FFE400"，描边宽度为12.0。勾选阴影复选框，开启阴影，将距离改为5.0，模糊改为30。文本参数设置如图2-1-25所示，文本效果如图2-1-26所示。

图 2-1-25 文本参数设置　　　　图 2-1-26 文本效果

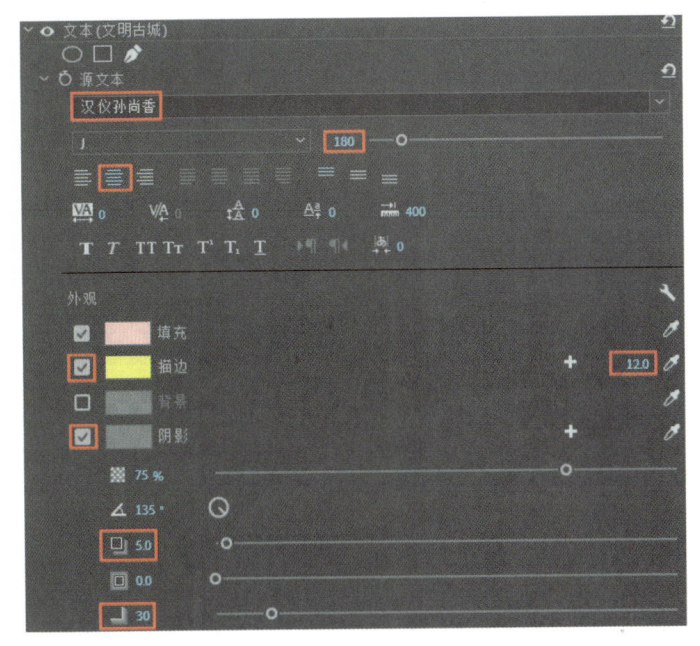

字幕的创建与编辑是影视编辑处理软件中的一项基本功能，字幕除了可以帮助影片更好地展现相关内容信息外，还可以起到美化画面、表现创意的作用。Premiere 为用户提供了制作影视作品所需的大部分字幕功能，能够实现不同类型字幕的制作。

1.5.2 点文字

在输入时建立一个文字框，文字会排成一行，直至按下"Enter"键换行。在改变文字框的大小和形状的同时也会改变文字的缩放比例。下面以"锡雕工艺"文字为例进行操作。

（1）选择"文字工具"，单击"节目"面板，输入文字"锡雕工艺"，生成文字序列如图2-1-27所示。注意，最后一次在"基本图形"面板中所做的设置将被应用到新创建的字幕上。

（2）按快捷键"V"，激活"选择工具"，文字外围将出现一个带有控制手柄的文字框，如图2-1-28所示。

图2-1-27　输入文字　　　　　图2-1-28　带有控制手柄的文字框图

（3）拖曳文字框的边角进行缩放。在默认情况下，文字的高度和宽度将保持相同的缩放比。单击"基本图形→编辑→锡雕工艺→对齐并变换→设置缩放锁定"按钮，取消等比缩放，即可分别调整高度与宽度，如图2-1-29所示。

（4）将光标悬停在文字框的任意一角外，光标将变成一个弯曲的双箭头，拖曳双箭头可以旋转文字。锚点的默认位置在文本框的左下角，文字将绕着锚点旋转，如图2-1-30所示。

图2-1-29　设置缩放比例　　　　　图2-1-30　旋转文字

（5）单击"节目"面板中的"设置"按钮，执行"透明网格"命令，在透明网格背景中字幕不容易看清楚，如图2-1-31所示。

（6）在"基本图形"面板中的"编辑→细雕工艺→外观"中勾选"描边"复选框，如图2-1-32所示，单击色块，在"拾色器"对话框中选取黑色，如图2-1-33所示。

图2-1-31　透明网格背景中显示文字　　　　　图2-1-32　勾选描边复选框

图 2-1-33 "拾色器"对话框

（7）将"描边宽度"设置为 20，即可清晰地看到文字，并且在背景颜色变化时依然能够保持可读性，如图 2-1-34 所示。

图 2-1-34 设置描边宽度效果

1.5.3 段落文字

在输入文字前就已经设置完成了文字框的大小和形状。若之后再改变文字框的大小和形状则可以显示更多或更少的文字，但不改变文字的缩放比例。

（1）选择"文字"工具，在"节目"面板中拖曳创建文本框后输入段落文字。若需换行，则按"Enter"键。段落文字会将文字限定在文本框之内，并在文本框的边缘自动换行，如图 2-1-35 所示。

（2）单击"选择"工具，拖曳文字框可改变文字框的大小和形状。注意，调整文字框的大小不会改变文字大小，如图 2-1-36 所示。

图 2-1-35 段落文本框　　　图 2-1-36 调整文字框的大小和形状

提示：点文字和段落文字这两种创建文字的方法都提供了水平方向创建文字和竖直方向创建文字的选项。在"节目"面板中使用"文字"工具时，单击并输入就可以添加点文字，通过拖曳创建一个文字框，然后再输入文字即可添加段落文字。

1.5.4 基本图形

在 Premiere 中，用户可以通过"基本图形"面板创建字幕剪辑，来制作需要添加到影片画面中的文字信息。下面介绍"基本图形"面板。

在"效果"工作区中找到"基本图形"面板。"基本图形"面板分为两部分，一个是"浏览"，另一个是"编辑"，如图 2-1-37 所示。

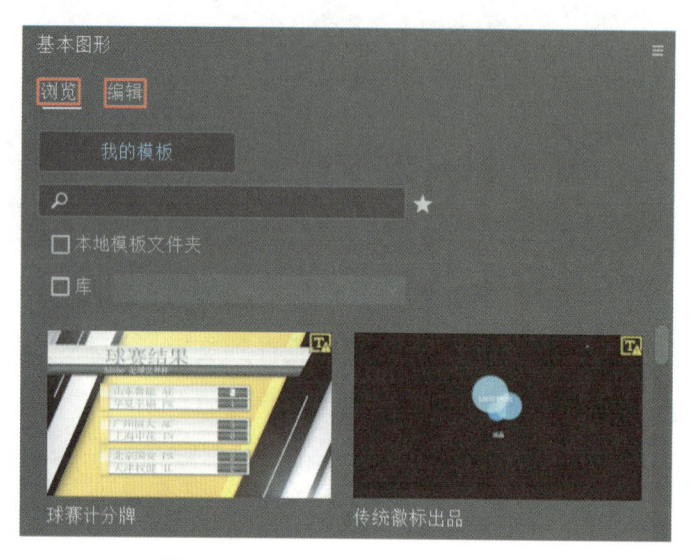

图 2-1-37　"基本图形"面板

"基本图形"面板重要参数如下：

（1）浏览：用于浏览内置的字幕面板，其中许多模板还包含了动画。

（2）编辑：对添加到序列中的字幕或在序列中创建的字幕进行修改。

单击可使用模板，也可以使用"文字"工具（T），在"节目"面板中单击创建字幕。还可以使用"钢笔"工具（），在"节目"面板中创建形状。长按"文字"工具后还可选择"垂直文字"工具（IT）；长按"钢笔"工具后可选择"矩形"工具（）或"椭圆形"工具（）。创建了形状或文字元素后，可使用"选择"工具（）调整其位置与大小。

需要说明的是，在激活"选择"工具的前提下，在"节目"面板中单击，激活形状后即可调整控制手柄改变其形状，如图 2-1-38 所示。

随后切换至"钢笔"工具，则可以看到锚点，调整锚点即可重塑形状，如图 2-1-39 所示。

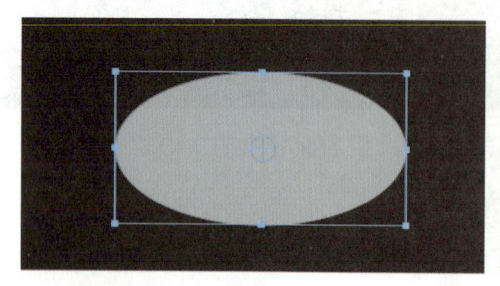

图 2-1-38　激活"选择"工具状态 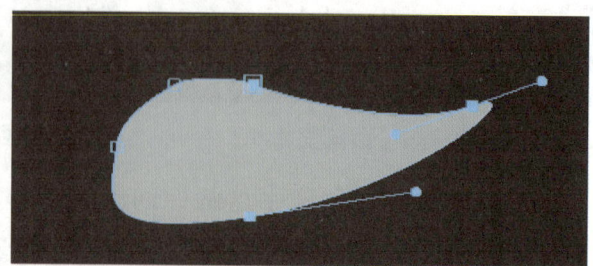　　　图 2-1-39　切换至"钢笔"工具状态

切换回"选择"工具，单击形状之外的区域，隐藏控制手柄，则可更加清晰地看到结果，如图 2-1-40 所示。

单击"文字"工具，单击"节目"面板空白处，输入文字"锡雕工艺"，选择"选择"工具，单击"节目"面板中的"锡雕工艺"文字，则会在"基本图形"面板的"编辑"区域中出现文字"锡雕工艺"的"对齐并变换"控件、"外观"控件和其他控件，将光标悬停在控件按钮上即可显示该控件的名称，如图 2-1-41 所示。

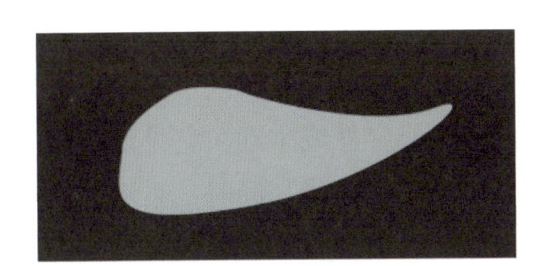

图 2-1-40　切换回"选择"工具状态　　　　图 2-1-41　形状控件面板

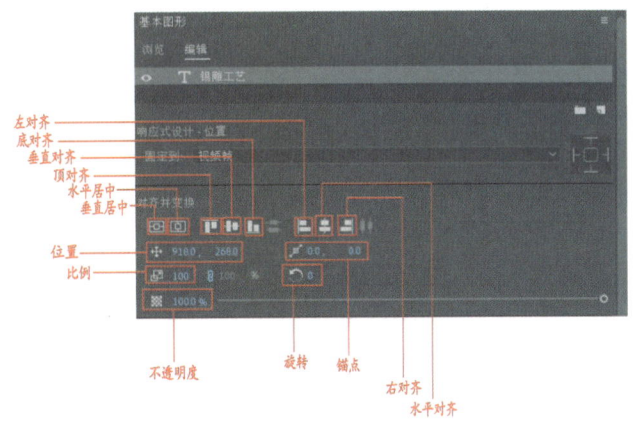

另外，还可以自由切换为其他字体，如图 2-1-42 所示。

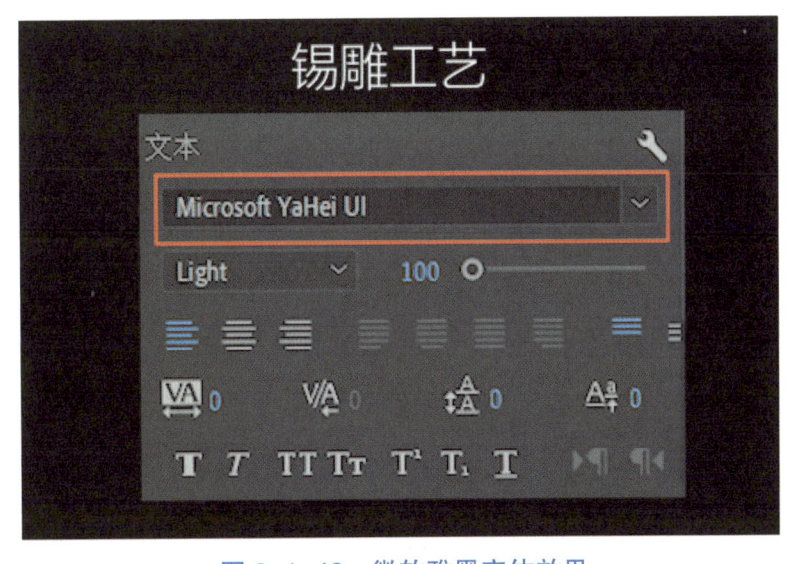

图 2-1-42　微软雅黑字体效果

提示：每个系统载入的字体都是不同的，若想添加更多的字体，可以自行在 C 盘的 Fonts 文件夹中安装。

项目二　风景名胜类短视频制作——琵琶泉

2.1　项目导入

2.1.1　项目背景

琵琶泉，清《七十二泉记》有收录，现名列济南新七十二名泉。因泉水淙淙，犹如琵琶扬韵而得名。历经数千年，它始终守护着这个城市，或宁静或生动，它见证着这座城市的历史变迁，用岁月积淀为人们诉说着济南与泉水的不解之缘。同时，泉水也担负着济南人的希冀，承载着一代又一代济南人的文化和传承。走近泉水，就是走近济南，走近千年积淀的历史韵味。通过制作《身边故事——琵琶泉》公益短视频，你能够完整体验风景名胜类短视频的制作流程，学会此类短视频的制作方法和技能。

2.1.2　学习目标

素养目标

1. 培养对自然风景的热爱和审美能力；
2. 弘扬精益求精的大国工匠精神。

知识目标

1. 了解风景类短视频的基本概念；
2. 了解风景名胜类短视频的一般制作流程。

能力目标

1. 具备独立完成风景类短视频剪辑操作的能力；
2. 具备创新思维和审美能力，提升短视频的观看体验。

2.1.3　项目任务单

某公司计划制作一个宣传当地旅游特色以发展当地旅游业的短片，希望带观众感受济南泉水独特的魅力。《身边故事——琵琶泉》公益短视频任务单如表2-2-1所示。

表 2-2-1 《身边故事——琵琶泉》公益短视频任务单

项目：《身边故事——琵琶泉》公益短视频	
背景意义	琵琶泉，清《七十二泉记》有收录，现名列济南新七十二名泉。因泉水淙淙，犹如琵琶扬韵而得名。历经数千年，它始终守护着这座城市，或宁静或生动，它见证着这座城市的历史变迁，用岁月积淀向人们诉说着济南与泉水的不解之缘。同时，泉水也担负着济南人的希冀，渴求能有更多的人走近它，认识它，从而学会珍惜它
短视频文案	琵琶泉 这里泉水叮咚，如琵琶轻奏，与周围的自然环境相映成趣，构成一幅美丽的生态画卷。在这里，您将收获一段难忘的旅程，留下一段美好的回忆。让我们共同珍惜这片美丽的风景，守护这份大自然的恩赐
应用场景	1. 合作平台：与抖音、快手等短视频平台合作，利用平台的流量优势进行推广。 2. KOL 合作：邀请旅游、文化领域的知名 KOL 参与短视频拍摄，通过他们的影响力吸引更多关注。 3. 广告投放：在短视频平台投放广告，提高琵琶泉的曝光率。 4. 线下活动：举办与琵琶泉相关的线下活动，如摄影比赛、文化讲座等，吸引更多游客参与
素材基础	公司已经撰写了短视频文稿，提供了部分图片和视频资料

2.2 项目实施

2.2.1 制作分析

《身边故事——琵琶泉》制作分析如表 2-2-2 所示。

表 2-2-2 《身边故事——琵琶泉》制作分析

任务 1 素材管理	1. 启动 Premiere，新建项目文件，进入 Premiere 工作界面 2. 新建序列和利用"导入"命令将视频和音频素材导入"项目"面板中
任务 2 粗剪	1. 将音视频素材按顺序排列 2. 利用工具箱中的"剃刀"工具对素材进行切割处理
任务 3 添加转场效果	1. 添加 Premiere 自带转场效果 2. 利用时间重映射对视频进行变速
任务 4 制作片头、片尾	1. 利用轨道遮罩键制作文字遮罩效果 2. 给素材的结尾添加黑场过渡效果
任务 5 添加字幕	利用剪映软件为主片添加字幕
任务 6 输出成片	调整整体音频效果，无误后输出视频成片

2.2.2 具体实施

扫码观看样片，样片截图如图 2-2-1~ 图 2-2-3 所示。

扫码看样片　　扫码看微课

图 2-2-1　样片截图（一）

图 2-2-2　样片截图（二）　　图 2-2-3　样片截图（三）

任务1　素材管理

Step01　选择"开始→所有程序→ Adobe → Premiere Pro 2022"，启动 Premiere，弹出"开始"对话框，单击"新建项目"按钮，进入"新建项目"对话框。

Step02　在"名称"文本框中输入"all"，单击"浏览"按钮，选择项目保存的位置，单击"确定"按钮，进入"Premiere Pro 2022"工作界面，如图 2-2-4 所示。

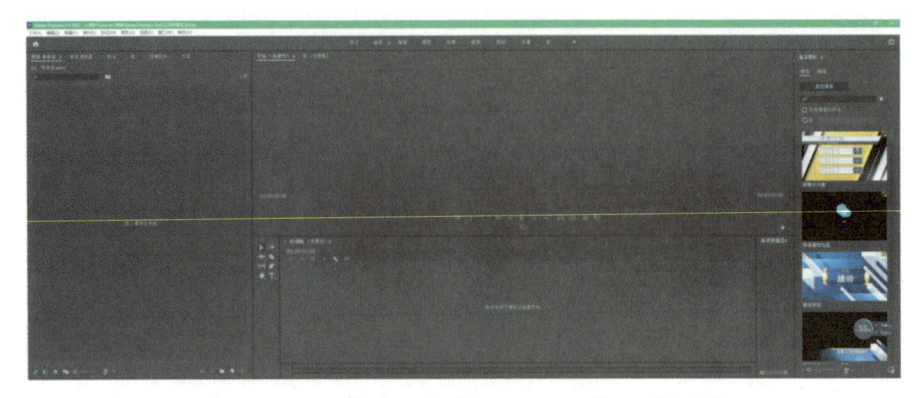

图 2-2-4　"Premiere Pro 2022"工作界面

Step03　选择"文件→新建→序列"命令（或使用快捷键"Ctrl+N"），弹出"新建序列"对话框，序列名称"琵琶泉"，选择"AVCHD 1080p 方形像素"模式，如图 2-2-5 所示，单击"确定"按钮，选择"文件→导入"命令（或使用快捷键"Ctrl+I"），弹出如图 2-2-6 所示的"导入"对话框，选中本案例中所有素材，单击"打开"按钮，将所有素材导入"项目"面板，如图 2-2-7 所示。

图 2-2-5　序列设置

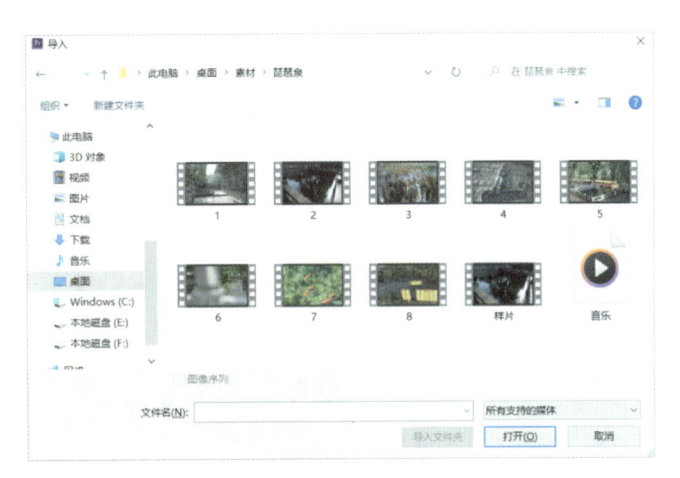

图 2-2-6　"导入"对话框

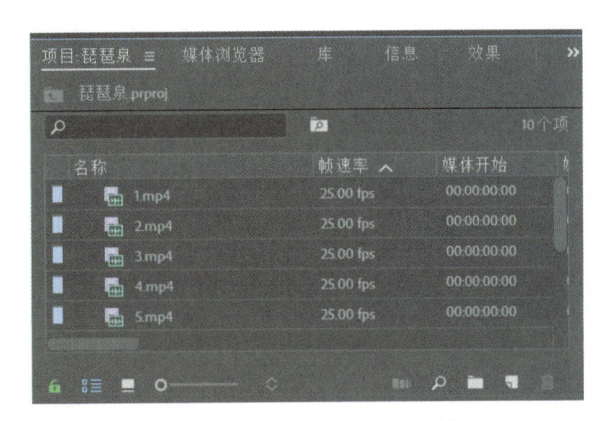

图 2-2-7　"项目"对话框

任务2　粗剪

Step01　将"1.mp4"视频素材拖至"新建项"按钮上新建序列，如图 2-2-8 所示。

Step02　在"项目"面板中将新建的序列命名为"剪辑"，如图 2-2-9 所示。

图 2-2-8　新建序列

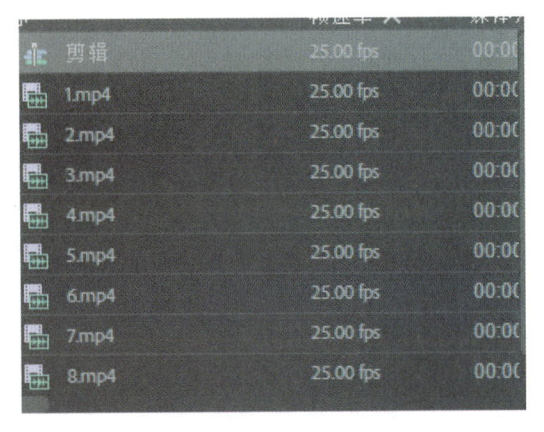

图 2-2-9　重命名序列

Step03 在"项目"面板上单击"音乐.mp3",在"源"面板中播放音乐,在音乐节奏点位置按"M"键添加标记,如图 2-2-10 所示。

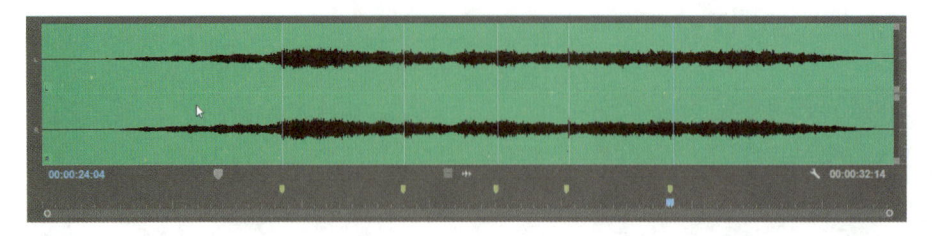

图 2-2-10　为音频素材添加标记

Step04 将"音乐"音频素材拖至时间轴面板的"A1"轨道上,在"时间轴"面板中双击"1.mp4"视频素材,如图 2-2-11 所示。

图 2-2-11　拖动视频素材

Step05 在"源"面板中预览视频素材,标记视频素材的入点和出点,如图 2-2-12 所示。

图 2-2-12　视频素材入点和出点

Step06 在"项目"面板上单击"1.mp4",然后按住"Shift"键的同时单击"8.mp4",选中视频素材,将其拖放到"时间轴"面板的"V1"视频轨道中的 0 秒处,所选素材将按选择的顺序依次排列,如图 2-2-13 所示。

图 2-2-13　导入视频素材

Step07　将时间指针移到视频第 9 秒，选中工具栏中的"剃刀"工具，在第 9 秒处单击，将素材"3.mp4"切割成两部分，选中工具栏中的"选择"工具，选中后半段视频素材，将其删除，如图 2-2-14 所示。

图 2-2-14　利用"剃刀"工具裁剪视频

Step08　长按鼠标左键选中视频素材"4.mp4"~"8.mp4"，向前平移素材至如图 2-2-15 所示位置。

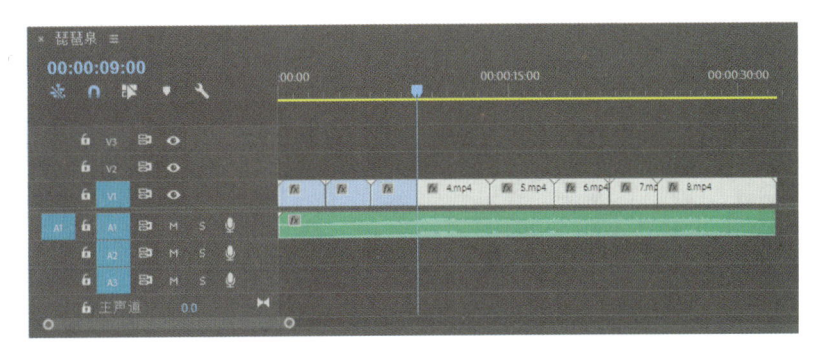

图 2-2-15　平移素材

任务3　添加转场效果

Step01　在"效果"面板中搜索"交叉溶解"效果，如图 2-2-16 所示。

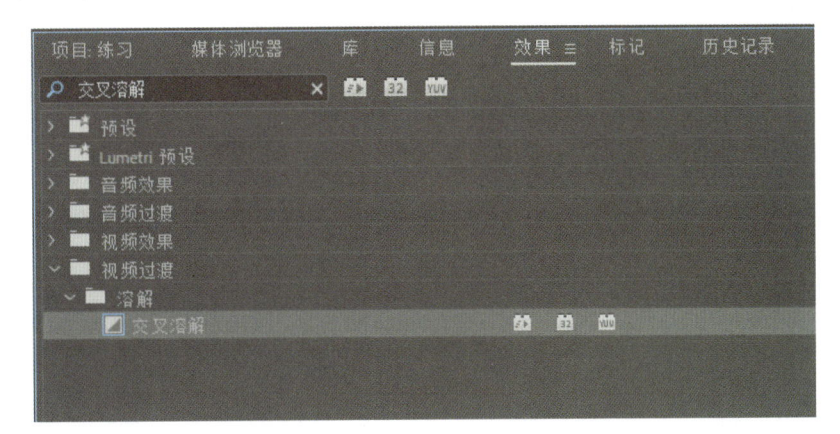

图 2-2-16　搜索"交叉溶解"效果

Step02　在"3.mp4"和"4.mp4"视频素材之间添加"交叉溶解"转场效果，如图 2-2-17 所示。

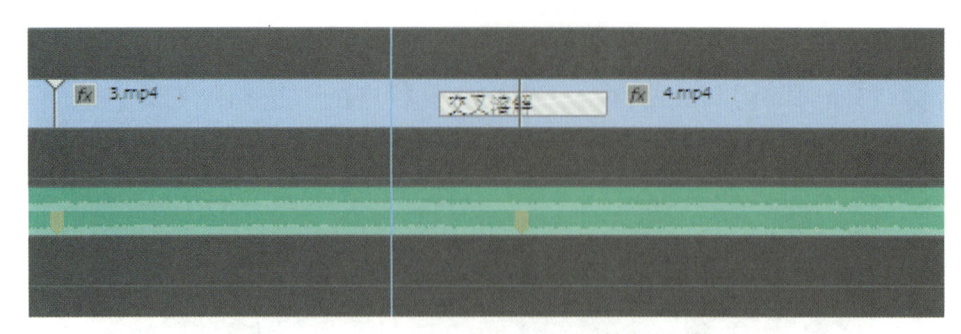

图 2-2-17 添加"交叉溶解"转场效果

Step03 在"3.mp4"和"4.mp4"视频素材之间添加"交叉溶解"转场效果，如图 2-2-18 所示。

图 2-2-18 预览"交叉溶解"转场效果

Step04 在进行"时间重映射"操作时，要调整视频的修改模式。单击序列轨道上的"8.mp4"，选择 图标，选择"时间重映射→速度"，如图 2-2-19 所示。

图 2-2-19 设置"时间重映射"

Step05 双击轨道左侧的灰色空域部分，将该视频素材的可视大小放大，以便后续操作，如图 2-2-20 所示。

图 2-2-20 放大时间线

Step06 将鼠标放置在图 2-2-18 的位置，分别在 1 秒和 5 秒处，按住"Ctrl"键的同时单击鼠标，添加关键帧，如图 2-2-21 所示。

图 2-2-21　添加关键帧

Step07　将鼠标放置在关键帧中间，向上拖动，直至快放速度为 1000%，如图 2-2-22 所示。

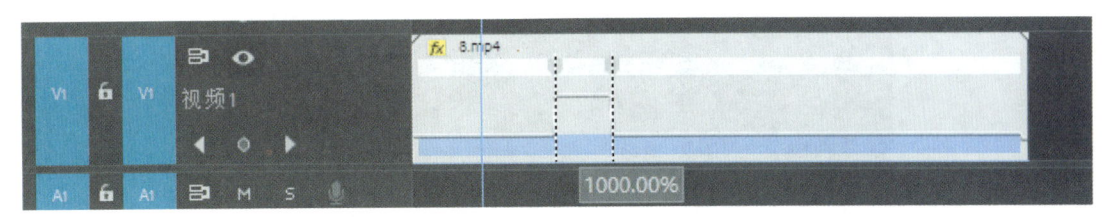

图 2-2-22　调节关键帧节点

Step08　此时视频在变速时属于直线上升与直线下降，并没有流畅地过渡，视频看起来达不到顺滑的效果。将鼠标放置在关键帧节点位置，左右拖动，形成直线坡度形状，出现渐快渐慢的效果，如图 2-2-23 所示。

图 2-2-23　调节曲线

任务4　制作片头、片尾

Step01　选择"文字"工具，在"节目"面板输入文本"琵琶泉"，字体选择"华文楷体"，如图 2-2-24 所示。

图 2-2-24　添加文字

Step02　在"效果"面板搜索"轨道遮罩键"，添加至素材"1.mp4"时间线上，进入效果控件，将遮罩改为"视频 2"，如图 2-2-25 所示。

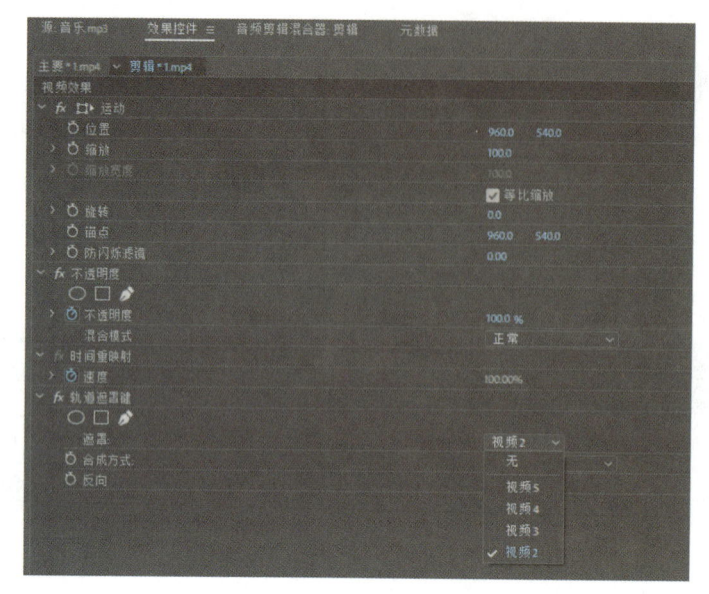

图 2-2-25　添加效果

Step03　将素材"1.mp4"拖到"V3"视频轨道，如图 2-2-26 所示。

图 2-2-26　放置素材

Step04　选中"V3"视频轨道中的"1.mp4"素材，将时间线拖动到 0 秒，设置"不透明度"为 0，添加关键帧。将时间线拖动到 3 秒，设置"不透明度"为 100%，添加关键帧，如图 2-2-27 所示。

图 2-2-27　设置不透明度

Step05　制作黑场过渡片尾，查找"黑场过渡"效果，将效果拖至素材"8.mp4"的尾部，如图 2-2-28 所示。

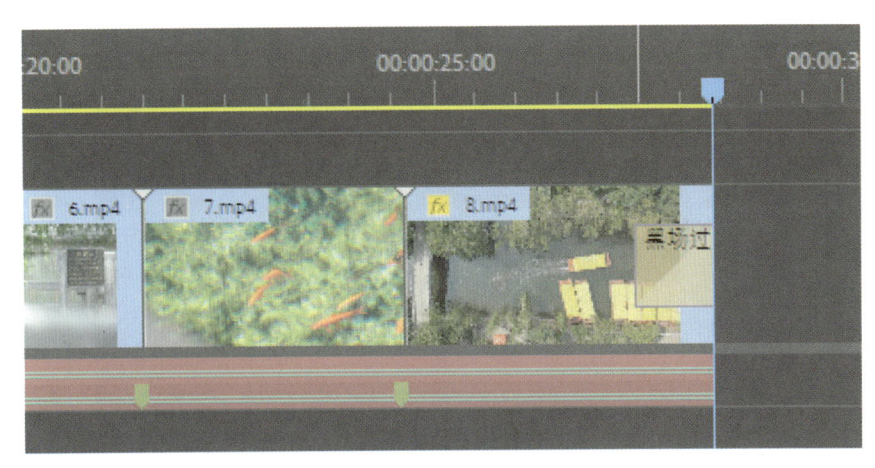

图 2-2-28 制作片尾

任务5 添加字幕

Step01 打开剪映软件,单击"开始创作"按钮,如图 2-2-29 所示。

图 2-2-29 剪映界面

Step02 将音频素材"琵琶泉配音"拖到时间线上,如图 2-2-30 所示。

图 2-2-30 导入音频素材

Step03 点开效果面板中的"文本",找到"智能字幕",单击"识别字幕"下的"开始识别"按钮,如图 2-2-31 所示。

图 2-2-31　识别字幕界面

Step04　剪映将识别的字幕在时间轴上全部展示出来，如图 2-2-32 所示。预览一下，检查有无错别字。

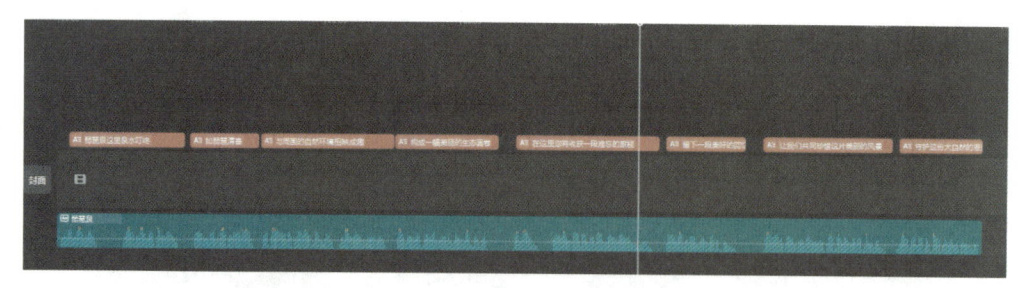

图 2-2-32　字幕界面

Step05　字幕检查无误后，单击右上角的"导出"按钮，如图 2-2-33 所示。在弹出的对话框中，将标题修改成"琵琶泉字幕"，选择字幕导出的位置。将"视频导出"和"音频导出"取消选择，只选择"字幕导出"。"字幕导出"格式选择"SRT"格式，如图 2-2-34 所示。

图 2-2-33　导出命令

图 2-2-34　字幕导出界面

Step06　打开 Premiere 工程文件，将时间指示器移动到"00：00：00：00"处，将在剪映软件导出的"琵琶泉字幕"文件拖到时间轴上，会弹出"新字幕轨道"对话框，单击"确定"按钮，如图 2-2-35 所示。

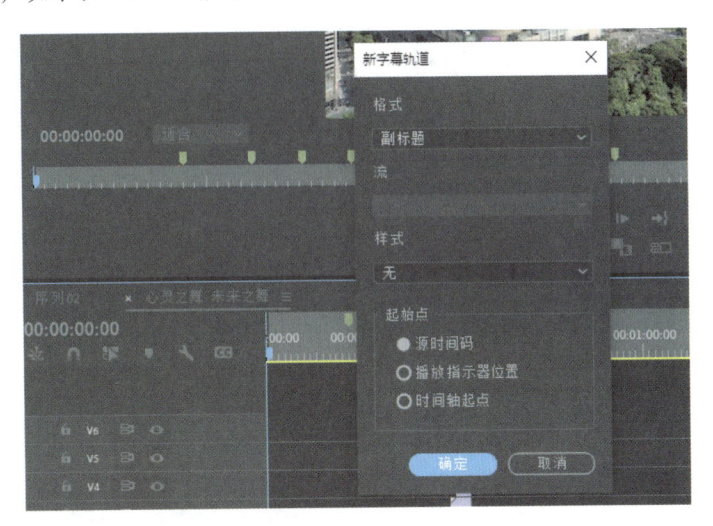

图 2-2-35　新建字幕轨道界面

Step07　将时间指示器移动到"00：00：00：17"处，单击第一个字幕文件，会发现字体不合适。框选所有的字幕文件，在右侧"基本图形"面板，修改字体为"黑体"，颜色填充为白色，添加阴影为黑色，阴影的"不透明度"参数为100%，角度为135°，距离为3.0，大小为6.0，模糊为12，如图 2-2-36 所示。

图 2-2-36　字幕设置界面

Step08　根据解说词预览所有字幕文件，检查是否与解说内容相对应。

任务6　输出成片

Step01　在效果面板搜索"恒定增益"效果，如图 2-2-37 所示。

图 2-2-37　添加效果

Step02　将"恒定增益"效果拖动至音频开头，如图 2-2-38 所示。

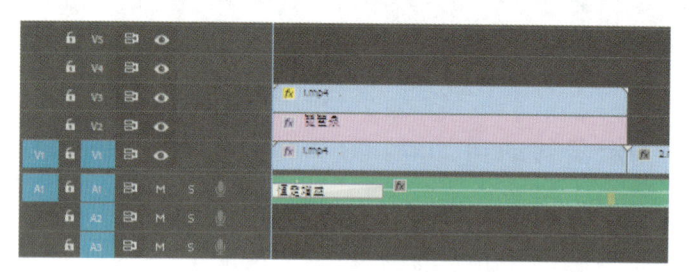

图 2-2-38　设置效果

Step03　选择"文件→导出→媒体"命令，弹出"导出设置"对话框，如图 2-2-39 所示，设置格式为"mp4"，宽度为 1920，高度为 1080，在输出名称"序列 01.mp4"处单击，弹出"另存为"对话框，在"文件名"文本框中输入"琵琶泉"，单击"保存"按钮，然后单击"导出"按钮，即可输出名为"琵琶泉.mp4"的视频文件。

图 2-2-39　导出设置

2.3 项目评价

分类	指标说明	完成情况
视频制作	能够根据需要有效地去除多余部分，突出视频重点	☆☆☆☆☆
	应用了多种转场效果，使不同素材之间的过渡自然、流畅，增强了视频的观赏性和连贯性	☆☆☆☆☆
	无剪辑失误的跳帧与黑场	☆☆☆☆☆
	字幕添加位置不突兀，符合画面内容及审美	☆☆☆☆☆
音频制作	能将音频准确地放置在音频轨道上	☆☆☆☆☆
	整体音量适中，且导出的视频有声音	☆☆☆☆☆

2.4 项目总结

2.4.1 思维导图

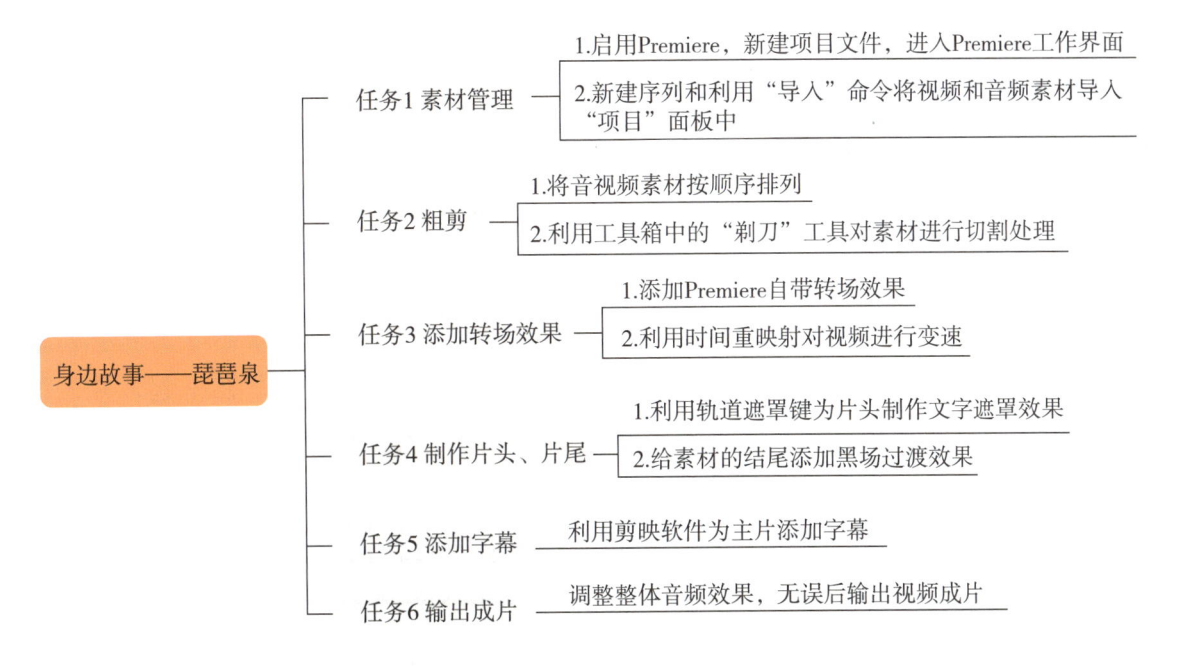

身边故事——琵琶泉
- 任务1 素材管理
  - 1.启用Premiere，新建项目文件，进入Premiere工作界面
  - 2.新建序列和利用"导入"命令将视频和音频素材导入"项目"面板中
- 任务2 粗剪
  - 1.将音视频素材按顺序排列
  - 2.利用工具箱中的"剃刀"工具对素材进行切割处理
- 任务3 添加转场效果
  - 1.添加Premiere自带转场效果
  - 2.利用时间重映射对视频进行变速
- 任务4 制作片头、片尾
  - 1.利用轨道遮罩键为片头制作文字遮罩效果
  - 2.给素材的结尾添加黑场过渡效果
- 任务5 添加字幕
  - 利用剪映软件为主片添加字幕
- 任务6 输出成片
  - 调整整体音频效果，无误后输出视频成片

2.4.2 举一反三

一、填空题

1.Premiere 裁剪素材可以使用时间线窗中的（　　）。

2.（　　）效果通过减少前一镜头和增加后一镜头的透明度来完成视频过渡，它可以放缓视频的节奏，也可以用来展现时间的流逝。

3.（　　）工具可以迅速实现加速、减速、倒放、静止，迅速使画面产生节奏变化，再配合恰当的音乐，瞬间使画面变得动感。

二、上机实训

1.党的二十大报告强调，教育、科技、人才是全面建设社会主义现代化国家的基础性、战略性支撑，提出要实施科教兴国战略，强化现代化建设人才支撑。使用所提供的素材，制作如图2-2-40和图2-2-41所示"科教兴国"效果。

图2-2-40　效果图（一）

图2-2-41　效果图（二）

2.利用已有素材运用常用视频剪辑手法剪辑制作短视频，可自选角度，主题不限，完成后发布到自己的账号。

2.5　关键技能

2.5.1　时间重映射

相信不少同学一定对视频中速度忽快忽慢的画面感到震撼，也非常羡慕别人能游刃有余地剪辑视频。其实忽快忽慢的画面在Premiere中是通过"时间重映射"来完成的，且操作简单。"时间重映射"功能类似于视频速度的放慢与加速功能合并在一起，并加入了速度渐变的功能，这也是视频看起来特别顺滑与流畅的原因，具体步骤如下：

（1）在进行"时间重映射"操作时，要调整视频的修改模式。单击序列轨道上的任意一段视频，选择　　图标，选择"时间重映射→速度"，如图2-2-42所示。

图2-2-42　设置时间重映射

（2）双击轨道左侧的灰色空域部分，将该视频素材的可视大小放大，以便后续操作，如图2-2-43所示。

图 2-2-43　放大时间线

（3）按住"Ctrl"键，并单击视频素材上的时间线显示条，添加一系列的关键帧，如图2-2-44所示，在左右两边各分别添加一个关键帧。

图 2-2-44　添加关键帧

（4）将鼠标放置在关键帧中间，向上拖动，就可以加快中间部分视频的速度，如图2-2-45所示。

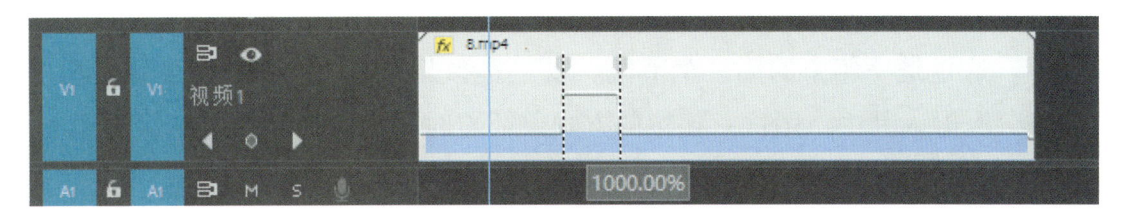

图 2-2-45　调节关键帧节点

（5）此时视频在变速时属于直线上升与直线下降，并没有流畅过渡，视频看起来达不到顺滑的效果。将鼠标放置在关键帧节点位置，左右拖动，形成直线坡度形状，出现渐快渐慢的效果，如图2-2-46所示。

图 2-2-46　渐快渐慢的效果

项目三　传统文化类短视频制作——二十四节气之立春

3.1　项目导入

3.1.1　项目背景

北京冬奥会开幕式上，《立春》视频短片惊艳众人。当时正值"二十四节气"中的"立春"，这也是一年中的第一个节气。以"立春"为主题的倒计时表演，巧妙地将"二十四节气"融入其中，用这一独特的方式象征着时光的轮回和人与自然的和谐共生。通过这样的表演，不仅展示了我国优秀传统文化的魅力，也寓意着各国朋友共同迎接一个新的春天，象征着新的希望和未来的美好。二十四节气作为我国非物质文化遗产的象征，通过这一方式得到了完美的传承和展示，使整个开幕式更具文化内涵和深度。

3.1.2　学习目标

素养目标
1.通过收集、拍摄素材，编写文案，提升审美意识；
2.通过制作"立春"主题的短视频，增强文化自信。
知识目标
1.了解剪映界面和制作流程；
2.熟悉剪映软件相关基础知识。
能力目标
1.能够结合图片、文字等，设计主题短片；
2.能够掌握使素材与文案对应的方法；
3.能够选取合适的音乐，利用音乐渲染氛围。

3.1.3　项目任务单

"二十四节气"是中国人的智慧，也与人们的日常生活息息相关。我们在制作短视频时，常常因为缺乏主题而烦恼，而二十四节气恰恰是一个非常好的主题，可以将二十四节气与生活相结合，制作科普类短视频。

使用手机版剪映，将生活中搜集的素材，以及拍摄的节气变化特点，记录、剪辑成片，作为二十四节气系列短视频的补充内容。结合照片、图文等，充实短视频账号内容，科普时令变化、气候变化、饮食习惯等，培养独立运营短视频账号的能力。

《二十四节气——立春》短视频任务单如表 2-3-1 所示。

表 2-3-1 《二十四节气——立春》短视频任务单

项目：《二十四节气——立春》短视频	
背景意义	"春雨惊春清谷天，夏满芒夏暑相连。秋处露秋寒霜降，冬雪雪冬小大寒。"二十四节气蕴含着中国人的智慧，是时令指南，亦是生活美学。春耕夏耘，秋收冬藏，二十四节气的轮回，见证着中华民族的勤劳与智慧，也记录着人与自然宇宙间独特的时间关联
短视频文案	今天要说的节气是立春。 一年之计在于春， 立春是二十四节气之首， 立春万物生， 破冰而生破土而生， 破壳而生破自己而生， 冬去春来，万物苏萌，生机勃勃。 二十四节气蕴含着中国人的智慧， 是时令指南，亦是生活美学。 下期再见！
应用场景	各大短视频平台
素材基础	春天的素材、合适的文案，符合文案的场景视频素材

3.2 项目实施

3.2.1 制作分析

《二十四节气——立春》制作分析如表 2-3-2 所示。

表 2-3-2 《二十四节气——立春》制作分析

任务 1 素材导入和处理	1. 启动剪映、导入素材 2. 使用"素材库"选取合适的素材 3. 使用裁剪命令截取素材
任务 2 文本动画设置	1. 使用"贴纸"面板选择合适的贴纸 2. 将素材对齐 3. 文本朗读和画面匹配
任务 3 特效和转场设置	1. 使用特效和"转场"面板为素材选取合理特效 2. 制作关键帧动画

续表

任务4 滤镜和蒙版设置	1. 根据题材选择合适滤镜 2. 选择适当的蒙版 3. 利用关键帧动画制作渐隐效果
任务5 添加音频音效并发布	1. 添加音频和音效 2. 裁剪和对齐音频 3. 导出并发布视频

3.2.2 具体实施

任务1 素材导入和处理

Step01 启动剪映。启动剪映专业版，界面如图2-3-1所示。主界面中提供了常用的剪辑方式，包含图文成片、智能裁剪、创作脚本、一起拍等。下方"草稿"处为近期自动保存的工程文件。

图2-3-1 认识主界面

Step02 开始创作。单击"开始创作"按钮，进入编辑界面。左侧为素材窗格，右侧为播放器，下方为时间轴，如图2-3-2所示。

图2-3-2 编辑界面

Step03 导入素材。选择"导入"命令，将准备好的视频素材导入媒体。并在播放器窗口选择视频比例为9∶16，如图2-3-3和图2-3-4所示。

Step04 使用素材库。在"媒体"面板上单击"素材库"，单击搜索框，输入文字

"春天",类型不限,比例选择"竖屏",选择喜欢的背景,将其拖放到"时间轴"面板的视频轨道中,用同样的方法搜索其余季节,选择合适的素材,排列在时间线不同轨道上。如图 2-3-5 所示。

图 2-3-3 导入素材   图 2-3-4 设置视频比例   图 2-3-5 素材库

Step05 调整时间线。使用右侧时间线工具,进行时间线调整。单击右侧加号和减号( ),快捷键分别为"Ctrl++"和"Ctrl+-"号。单击全局预览缩放可以使时间轴缩放回主屏幕内,快捷键为"Shift+Z"。打开磁吸按钮( )使素材自动吸附对齐。素材排列完成后,按加号放大时间线,如图 2-3-6 所示。

图 2-3-6 时间线

Step06 裁剪时间线。移动时间线至第"00:00:05:00"处,单击选中四段素材,在工具栏中选择"向右裁剪"( )命令,将素材后部分删除,使素材结尾时间对齐。工具栏如图 2-3-7 所示,裁剪效果如图 2-3-8 所示。

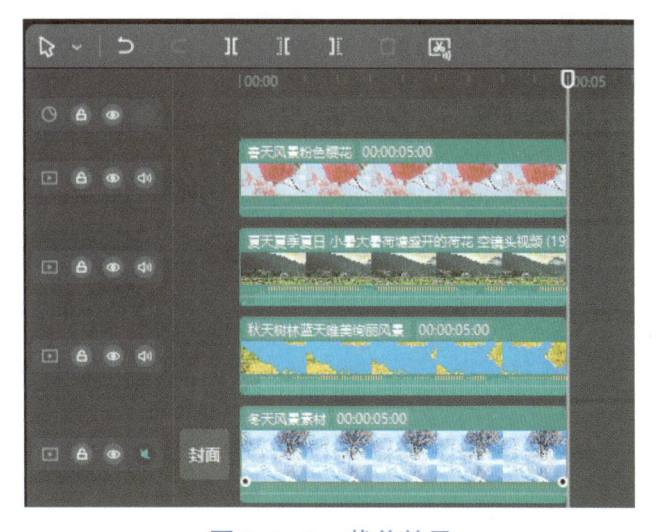

图 2-3-7 工具栏

图 2-3-8 裁剪效果

Step07　裁剪画面。移动时间线至"00：00：00：00"处，使用选择工具选择最上层素材，单击"裁剪"工具（ ），打开裁剪比例对话框。选取画面中的主体，将画面裁小，用同样的方式裁剪其余画面，如图2-3-9所示。

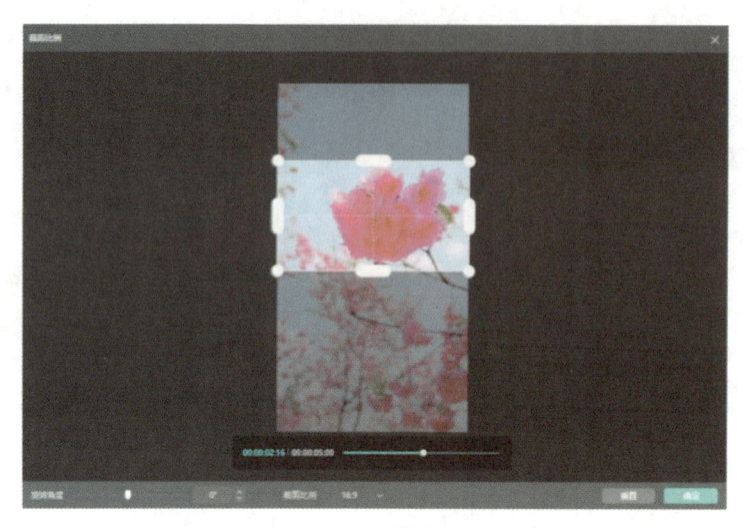

图2-3-9　裁剪画面

Step08　调整位置。选择最上层轨道，在右侧"画面"面板"基础"选项中，调整Y轴的值，使画面呈现四格效果，如图2-3-10和图2-3-11所示。

图2-3-10　"画面"面板　　　　图2-3-11　四格画面效果

Step09　创建组合。选中四个轨道上的素材，单击鼠标右键打开快捷菜单，选择"创建组合"命令。单击每段视频轨道前的"关闭原声"按钮（ ），使画面形成整体，如图2-3-12所示，完成后效果如图2-3-13所示。

图 2-3-12　创建组合　　　　图 2-3-13　关闭原声

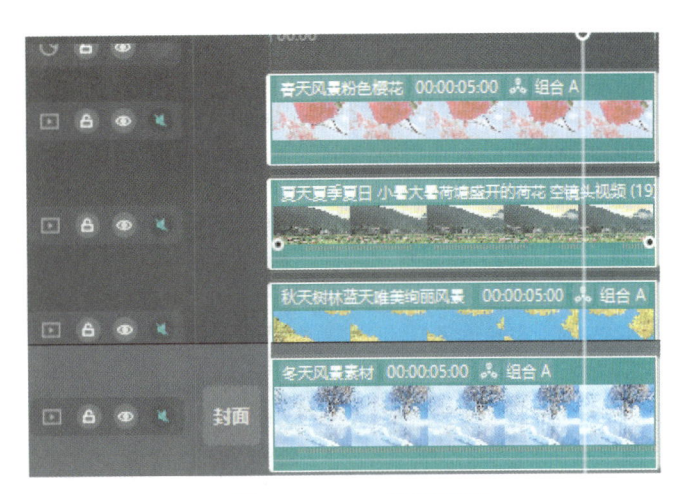

任务2　文本动画设置

Step01　添加花字。选择"文本"面板,将"花字"展开,如图 2-3-14 所示,选择相应的花字拖动到时间轴上,在右侧"文本"面板基础中输入标题文字"四季轮转——二十四节气"。设置字体、字号等,如图 2-3-15 所示。

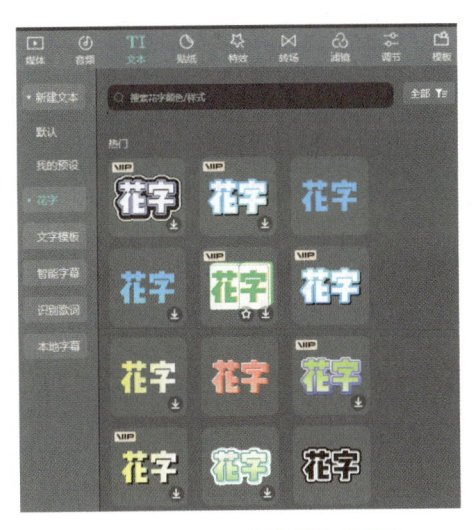

图 2-3-14　"特效"面板　　　　图 2-3-15　添加花字

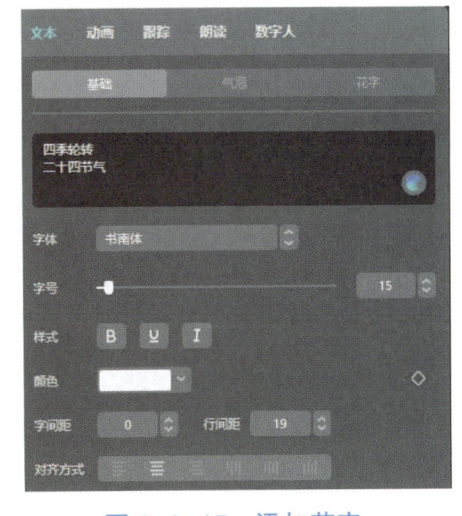

Step02　设置文本动画。选择"文本"面板,展开"动画"选项,设置入场动画为"左移弹动",出场动画为"弹出",将文本在时间轴上与视频素材对齐,如图 2-3-16 和图 2-3-17 所示。

Step03　朗读文本。选择"文本"面板,选择"默认"选项,将默认文本拖动到时间轴上,与上一段文字对齐。复制编辑好的文案到右侧文本框中,选择文本设置中的"朗读",选取合适的声音,单击"开始朗读",如图 2-3-18 所示。此时面板自动更改为声音设置,如图 2-3-19 所示,设置声音淡入淡出效果,将变速中的倍数设置为 0.8,使速度变慢。

Step04 标记声音轨道。朗读完成后，观察时间轴可以发现每一处标点都有停顿，如图2-3-20所示。在需要停顿处单击"手动踩点"按钮（🚩），或者使用快捷键"Ctrl+J"，声音轨道下方出现标记，方便后期匹配文字和画面，如图2-3-21所示。

图 2-3-16　入场动画　　　　图 2-3-17　出场动画

图 2-3-18　朗读界面　　　　图 2-3-19　朗读基础设置

图 2-3-20　声音轨道

图 2-3-21　标记声音轨道

Step05 分割文本图层。单击声音轨道上的标记，返回文本图层，按"分割"按钮（✂）将文本图层分割，并删除多余文字，使字幕和声音同步，如图2-3-22所示。

图 2-3-22　分割文本轨道

Step06　添加贴纸。选择贴纸，为第一段话增加贴纸素材，并使用"文字模版"，气泡输入主标题：立春，调整文字开始位置，使声音和文字同步，如图 2-3-23 所示。

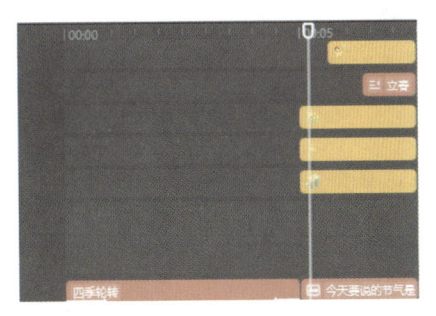

图 2-3-23　贴纸

任务3　特效和转场设置

Step01　添加视频背景。在"媒体"面板上单击"素材库"，单击搜索框，输入文字"背景"，选择合适的背景，将其拖放到"时间轴"面板的视频轨道中，若时间不够，可以多复制粘贴几次，将准备好的春天画面按照文案内容裁剪，使其与画面对应，如图 2-3-24 所示。

图 2-3-24　背景和画面轨道

Step02　添加特效。选择"特效"面板，如图 2-3-25 所示，将"水滴模糊"特效拖到时间轴背景图层的上方，并在特效参数添加关键帧（◇），设置"00：00：06：00"处模糊为"0"，"00：00：07：15"处模糊为"100"，特效参数如图 2-3-26 所示。

图 2-3-25　"特效"面板　　　　图 2-3-26　特效参数

Step03　添加转场。选择"转场"面板，如图2-3-27所示。拖动合适转场效果至两张图片中间，在右侧面板中拖动滑块修改动画时间，制作个性化转场切换效果，使画面产生动感，如图2-3-28所示。

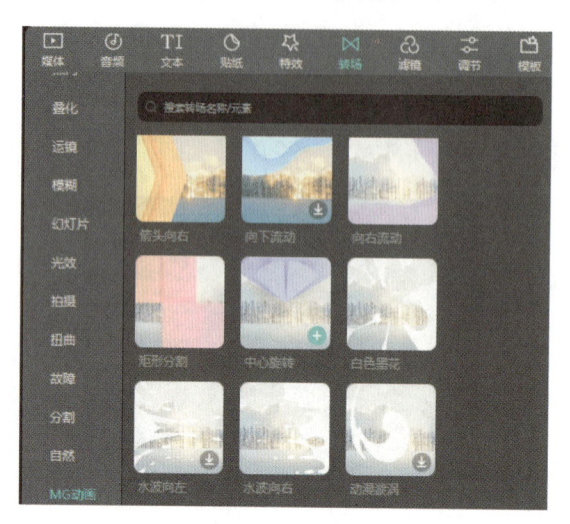

图2-3-27　"转场"面板

图2-3-28　转场效果

任务4　滤镜和蒙版设置

Step01　添加片尾文本。选择"文本"面板，选择片尾谢幕"下期再见"，拖动背景图层与文字图层对齐。片尾效果如图2-3-29所示。

Step02　添加滤镜。选择"滤镜"面板，如图2-3-30所示，选择滤镜"漫谷"拖动到时间轴背景图层上方，如图2-3-31所示。

Step03　调节画面颜色。选择背景画面，在右侧"调节→基础"中，调整画面的色彩色调，使画面变为接近夏天的青绿色，参数参考如图2-3-32所示。

Step04　添加画面蒙版。选择背景画面，在右侧"画面→蒙版"选项处，选中背景图层，为背景增加"镜面蒙版"。在结束前1秒添加"大小"帧，设置宽度参数为1065，结尾关键帧处设置宽度参数为0，羽化为15，产生画面渐隐效果。添加蒙版前后效果如图2-3-33和图2-3-34所示。

图 2-3-29　片尾效果　　　　　图 2-3-30　"滤镜"面板

图 2-3-31　滤镜添加效果　　　图 2-3-32　色彩色调设置

图 2-3-33　添加蒙版前效果　　图 2-3-34　添加蒙版后效果

任务5　添加音频音效并发布

Step01　添加音频。选择"音频"面板，如图2-3-35所示。单击"纯音乐"选项，选择合适的音乐，或者在搜索框内搜索合适的主题，拖动至时间轴底层音频层作为背景音乐。

图2-3-35　"音频"面板

Step02　添加音效。选择背景音乐轨道，在右侧"基础"中设置声音淡入淡出时长为1 s。选择"音频"面板，单击"音效素材"选项，在搜索框中输入"打字声"，拖动至片尾，效果如图2-3-36所示。

Step03　导出成片。单击"预览"按钮，调整动画时长与声音一致，完成画面、音效、音乐等的配合，调整切换时间，操作过程中剪映自动将作品保存至本地。选择菜单"文件→导出"，如图2-3-37所示，设置导出名称"二十四节气——立春"，选择导出位置，单击"导出"，如图2-3-38所示。

Step04　发布作品。导出完成后，剪映提供了发布助手，选择合适的发布平台，重新选择一张图片作为封面，输入合适的话题，单击发布，如图2-3-39所示。

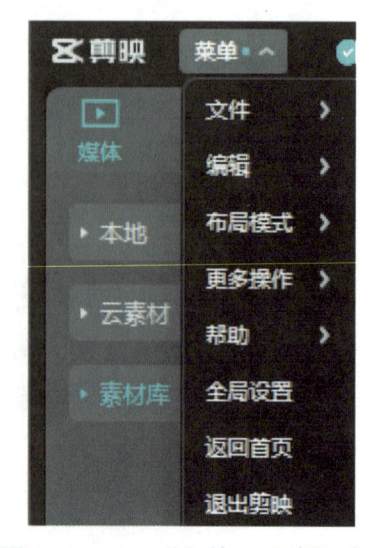

图2-3-36　打字声　　　图2-3-37　"文件→导出"命令

图 2-3-38　导出设置　　　　　　　　图 2-3-39　发布设置

发布建议：对于本项目而言，所制作的短视频应选择以竖屏短视频为主的平台进行发布；发布时，尽量选择早上 7：00—8：00、中午 12：00—13：00、晚上 18：00—20：00，即用户碎片时间较多的时间段；发布的文案及标签体现"传统文化""立春""二十四节气"等关键词；制作创意精美的短视频封面进行发布，也可以定位发布地点。

3.3　项目评价

	指标说明	完成情况
视频制作	利用素材制作片头	☆☆☆☆☆
	利用贴纸制作标题	☆☆☆☆☆
	制作特效和转场	☆☆☆☆☆
	制作关键帧动画和蒙版	☆☆☆☆☆
音频制作	能将音频准确放置在音频轨道上	☆☆☆☆☆
	能够导出视频并发布至视频平台	☆☆☆☆☆

3.4 项目总结

3.4.1 思维导图

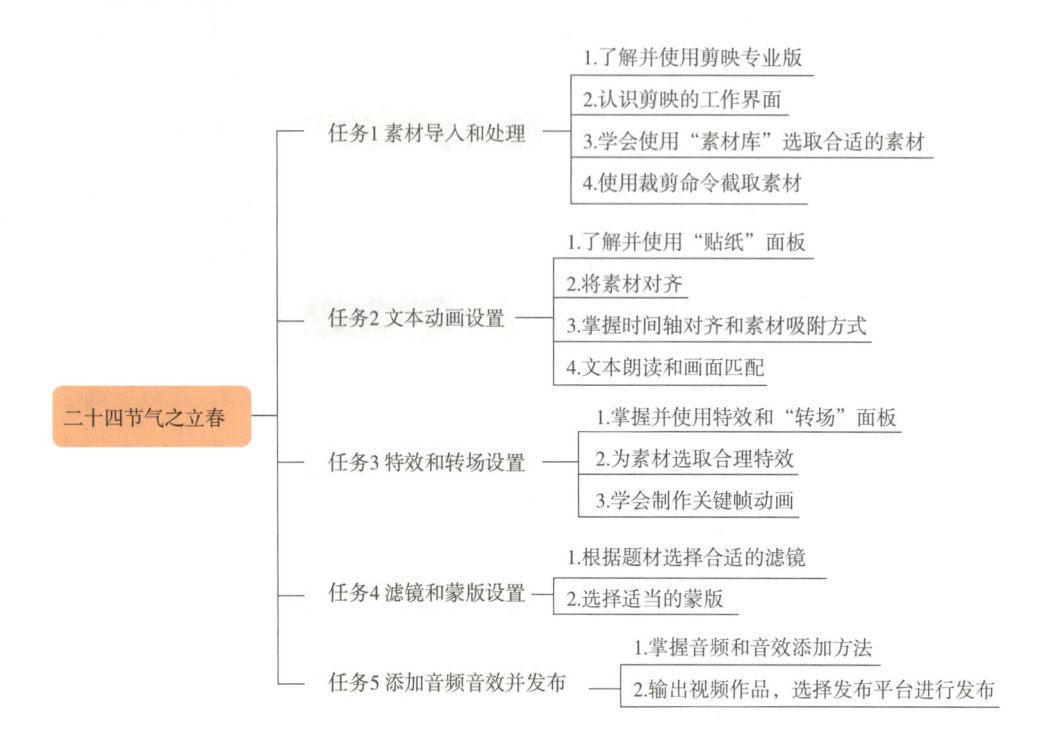

```
                          ┌─ 1.了解并使用剪映专业版
                          ├─ 2.认识剪映的工作界面
          任务1 素材导入和处理 ─┤
                          ├─ 3.学会使用"素材库"选取合适的素材
                          └─ 4.使用裁剪命令截取素材

                          ┌─ 1.了解并使用"贴纸"面板
                          ├─ 2.将素材对齐
          任务2 文本动画设置 ──┤
                          ├─ 3.掌握时间轴对齐和素材吸附方式
                          └─ 4.文本朗读和画面匹配

二十四节气之立春 ─┤        ┌─ 1.掌握并使用特效和"转场"面板
          任务3 特效和转场设置 ─┤ 2.为素材选取合理特效
                          └─ 3.学会制作关键帧动画

          任务4 滤镜和蒙版设置 ─┬─ 1.根据题材选择合适的滤镜
                          └─ 2.选择适当的蒙版

          任务5 添加音频音效并发布 ┬─ 1.掌握音频和音效添加方法
                          └─ 2.输出视频作品,选择发布平台进行发布
```

3.4.2 举一反三

剪映手机版同样具有强大的功能,是移动端上全能易用的视频剪辑软件,可以让创作、上传、分享更简单,如图 2-3-40 所示。在企划好主题后,就可以寻找视频素材,设计短视频,也可以找到其他相关知识,根据拍摄素材,重新编写文案,将手机中的短视频制作成具有小组和个人特色的系列短视频。使用剪映手机版制作短视频《月朗风清》。

扫码看微课

图 2-3-40　剪映手机版

3.5 关键技能

3.5.1 剪映草稿文件的保存与分享

我们在日常使用剪映专业版编辑视频时，难免会遇到不得不换设备继续编辑的情况，或者分享给其他合作者继续创作的情况，这时就需要使用剪映草稿跨设备转移的技巧。剪映专业版支持手机、平板、电脑三端草稿互通，通过草稿文件的保存与分享，使用者可以随时随地进行创作，打破了创作的地域限制，如图 2-3-41 所示。

图 2-3-41　手机、平板、电脑三端草稿互通

（1）设置草稿文件保存的位置和素材下载的位置。在启动界面右上方单击"设置"（⚙）按钮，从弹出的下拉菜单中选择"全局设置"命令，如图 2-3-42 所示，然后在弹出的如图 2-3-43 所示的"全局设置"对话框的"草稿"选项卡中，可以通过单击"草稿位置"和"素材下载位置"后面的"文件夹"（📁）按钮，来设置草稿文件保存的位置和素材下载的位置，当设置完成后单击"保存"按钮即可完成设置。

图 2-3-42　全局设置

图 2-3-43 "草稿"选项卡

（2）将本地草稿文件同步到云空间。在剪映启动页的草稿栏单击鼠标右键，找到想要上传至云空间的草稿，单击上传，如图 2-3-44 所示，选择保存路径，单击"上传到此"即可完成上传。此时只需要在另外一台设备上登录相同的账号，即可在启动页"我的云空间"处下载草稿至本地。该功能使用方便，但需要注意的是，云空间功能在非会员权限用户使用时存储空间很有限。

图 2-3-44 将草稿上传至云空间

（3）本地草稿文件复制。与 Premiere 一样，剪映专业版在编辑过程中也会产生一个类似"工程文件"的草稿文件夹，如图 2-3-45 所示。在"全局设置"对话框的"草稿"选项卡中可以找到"草稿位置"，鼠标移动至路径可查看详细位置，找到草稿位置文件夹，可以复制草稿文件夹共享给他人或转移到其他设备，然后放到其设备的草稿位置文件中，在其他设备启动剪映时即可看到该草稿文件，实现跨设备编辑，如图 2-3-46 所示。

图 2-3-45　剪映草稿保存位置

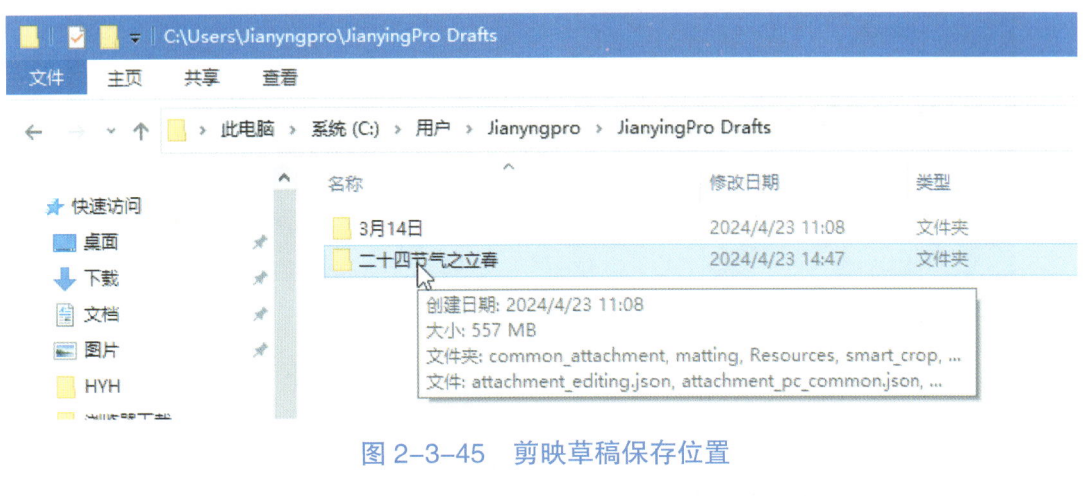

图 2-3-46　文稿从另一台设备中被剪映读取

注意：该草稿文件夹保存的信息默认情况下只有添加的效果以及时间轴上各个素材的位置等信息，并不包含视频、音频等源素材，所以会出现素材丢失的情况，需要自己重新链接素材。对于这个情况，用户也可以设置在草稿文件中复制一份素材文件，详细操作方法为：在剪映编辑页面的"草稿参数"面板处，单击"修改"弹出"草稿设置"界面。将"导入素材"后的"复制至草稿"单选框选定，单击保存，这样草稿文件中就会包含所有的素材了，如图 2-3-47 所示。

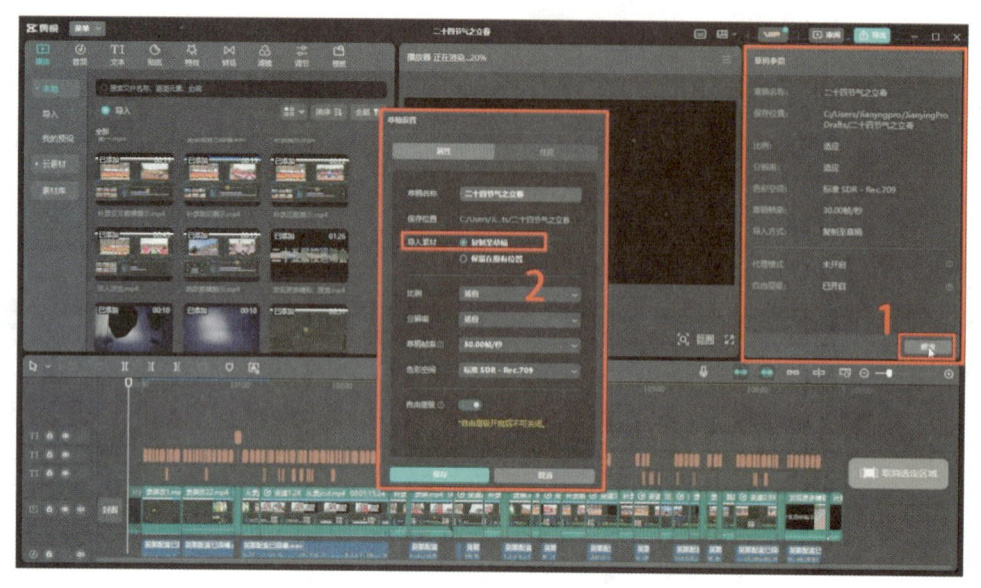

图 2-3-47　复制素材至草稿操作方式

（4）通过局域网传输草稿。若两台设备处于同一局域网下，还可使用"剪映快传"功能通过局域网传输草稿。在剪映启动页，单击鼠标右键，选择要转移的草稿，单击"剪映快传"即可使用该功能，如图 2-3-48 所示。

图 2-3-48　剪映快传功能

3.5.2　剪映的特效、转场与滤镜

在短视频的制作过程中，特效、转场与滤镜的应用不仅可以使枯燥无味的画面变得生动有趣，还可以弥补拍摄过程中造成的画面缺陷。剪映提供了丰富的特效、转场与滤镜，使用者可以随心所欲地创作出丰富多彩的视觉效果。

使用者可以根据需要将特效、转场、滤镜直接拖到时间线的素材上，在特效面板中添加关键帧，设置参数，使特效、转场、滤镜实现想要的效果。使用者也可以将所需特效拖到时间线素材上方轨道，二者的区别在于前者添加的特效只会对拖入的轨道素材起作用，而后者添加的特效会对其下方所有轨道的素材起作用。

1. 剪映中的特效

剪映中的特效包括"画面特效"和"人物特效"两种类型，如图 2-3-49 所示，画面的模糊、氛围、边框、分屏、纹理、漫画感可以在画面特效中设置。人物的情绪、挡脸、形象、装饰等可以在人物特效中设置。

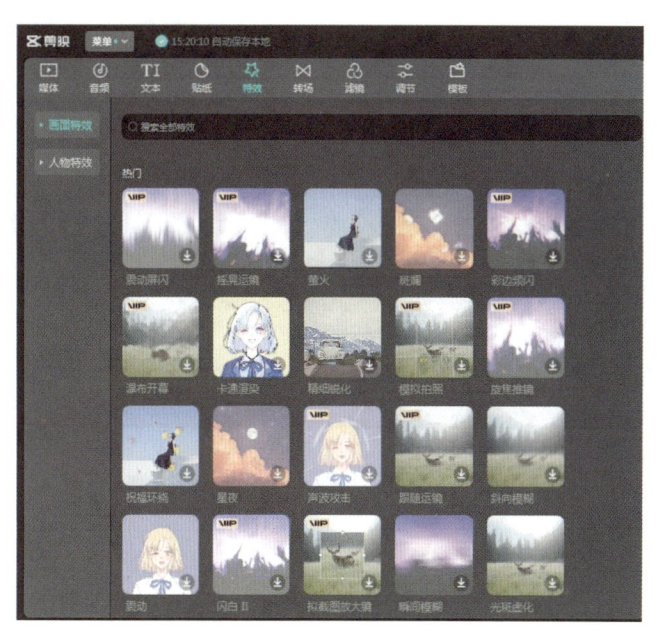

图 2-3-49　剪映中的特效

2. 剪映中的转场

转场是指画面之间的过渡变化，包含叠化、幻灯片、运镜、模糊等，拖动转场至视频素材中间，在转场参数中设置时长，如图 2-3-50 和图 2-3-51 所示。

图 2-3-50　转场界面　　　　　　　　　图 2-3-51　转场参数

3. 剪映中的滤镜

在短视频的制作过程中，视频本身往往色彩不是很理想，通过剪映自带大量滤镜，使用者可以快速实现对素材的调色。在素材面板中单击"滤镜→滤镜库"，然后在左侧选择相应的滤镜类型，在右侧就会显示出该滤镜类型中的所有滤镜，如图 2-3-52 所示。

图 2-3-52　滤镜库

技能拓展

常用剪辑手法

随着校园文化的丰富和发展，各类体育活动逐渐成为学校生活的重要组成部分。拍摄校园运动会视频并剪辑，不仅能够记录下同学们积极参与体育活动的身影，还能激发同学们的团队精神和竞争意识。通过剪辑技巧，将运动会中的精彩瞬间呈现给观众，使其感受到运动会的热情和氛围，如图 2-3-53 所示。

图 2-3-53　样片截图

在校园运动会中，如何运用多样剪辑手法，提升视频吸引力，突显精彩瞬间，是每位视频制作者需掌握的技能。下面将深入探讨校园运动会视频剪辑的常用手法，为视频制作者提供新视角和创作灵感。

（1）采用短视频黄金 5 秒方法，能让作品瞬间吸睛引流。短视频黄金 5 秒，是吸引观众、引流的关键。通过突出亮点、制造悬念、强烈的视觉冲击、设置人物对话和背景音乐等方法，可以提高观众的观看意愿。在实践中，要注意切勿拖沓，要结合热点、精良的制作和创新思维，让作品在众多短视频中脱颖而出，如图 2-3-54 所示。

图 2-3-54　短视频黄金 5 秒

（2）声音滞后（L-Cut）、声音先入（J-Cut）和特效音（S-Cut）。这三种基于音效剪辑的转场方式，能让声音和画面形成有趣的互动，为视频增色添彩。

声音滞后指的是上一镜头的音效延续至下一镜头，请注意，声音滞后并非仅应用于具有预见性的片段，实际上，它极为常用，即使是角色间的简单对话也时常采用。

声音先入则是下一镜头的声效在画面呈现前提前响起，通过"未见其人先闻其声"的方式，巧妙地引导观众关注。虽然这些手法低调，甚至可能不易察觉，但正是其独特之处。声音滞后与先入的关键目的在于确保节奏连贯，营造出完美的过渡效果，承前启后，让音效成为引导观众的线索。此外，声音先入也适用于为画面引入新元素。

特效音是指运用音频处理技术，缔造出独具特色的音效，既能营造氛围，突显角色个性，又能推动剧情进展，提升视觉冲击力，从而极大地强化观众的代入感和沉浸体验。声音滞后、声音先入和特效音如图 2-3-55 所示。

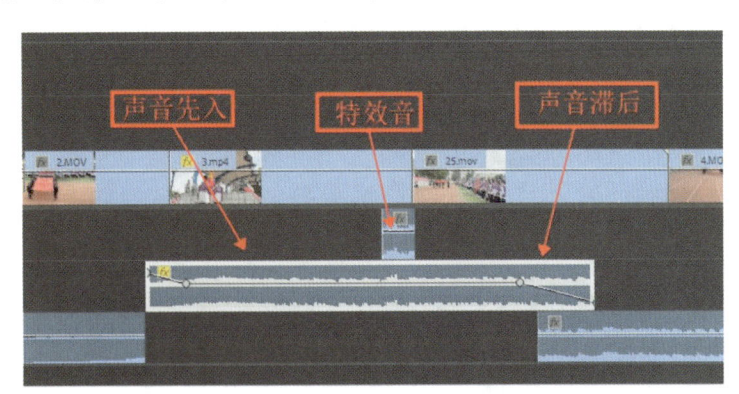

图 2-3-55　声音滞后、声音先入和特效音

（3）动作顺接（Cutting on Action）是一种剪辑技巧，在角色动作过程中切换镜头，剪切点不必局限于拳脚交锋之际，甚至可以简单到人物抬手的瞬间。这种手法使画面流畅自然，富有动感，如图 2-3-56 所示。

（4）离切（Cut Away）手法通过先切换至插入镜头，再切回主镜头，巧妙地揭示角色内心世界，同时让观众更深入地体验运动会氛围，如图 2-3-57 所示。

图 2-3-56　动作顺接　　　　　　　　　图 2-3-57　离切

（5）交叉剪辑（Cross Cut）是一种在两个场景间交替切换的表现手法，如应用于演出场景。巧妙地运用交叉剪辑，可以提升视觉效果的紧凑度，使观众注意力更加集中，如图 2-3-58 所示。

（6）跳切（Jump Cut）是一种剪辑手法，是指在同一场景中进行快速剪接，使景别发生变化，从而使画面更具紧张氛围和吸引力，如图 2-3-59 所示。

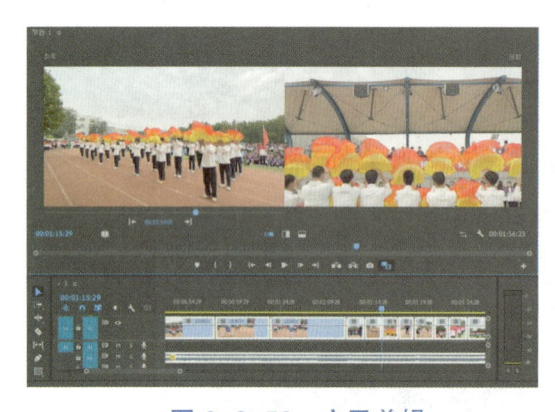

图 2-3-58　交叉剪辑　　　　　　　　　图 2-3-59　跳切

（7）匹配剪辑（Match Cut）是一种连接镜头的方法，主要特点是动作或构图保持一致。无论是用于场景切换还是基于对白的匹配剪辑，都能使画面流畅自然，如图 2-3-60 所示。

图 2-3-60　匹配剪辑

（8）淡入淡出（Fade IN/Fade Out）作为一种典型的过渡技巧，借助镜头的渐显或渐隐，使画面更具艺术韵味，如图 2-3-61 所示。

图 2-3-61　淡入淡出

（9）叠化（Dissolve）是一种将一个镜头叠加至另一个镜头上的摄影手法，在蒙太奇创作中也颇受欢迎。此手法可有效展示时间流逝，同时适用于对同一镜头进行叠化处理，如图 2-3-62 所示。

图 2-3-62　叠化

（10）跳跃剪辑（Smash Cut）是一种突发性转场技巧，通常应用于角色从激烈场景过渡至缓和画面的情境，如图 2-3-63 所示。

图 2-3-63　跳跃剪辑

（11）拉镜头转场（Panorama Transition）是一种在电影、电视剧或摄影中广泛应用的手法，它通过将一个场景逐渐扩展或缩小，使画面从当前镜头平滑地过渡到另一个镜头。这种手法不仅能生动地展现空间变化，同时也能有效地展示情节的推进，在蒙太奇创作中，拉镜头转场尤为受到青睐，如图2-3-64所示。

图 2-3-64　拉镜头转场

总之，借助色彩调控、创新剪辑技巧、独特视角、情感共鸣以及节奏把控等手段，校园运动会的视频将更具吸引力和感染力，精彩瞬间得以凸显。视频创作者应持续探索和创新，运用独特视角与剪辑手法，捕捉运动会每个精彩瞬间，让更多人领略到运动会的魅力，使视频更具视觉冲击力，为观众呈现一场视觉盛宴。

拓展评价

分类	指标说明	完成情况
视频制作	剪辑视频符合主题	☆☆☆☆☆
	根据常用转场方法使不同素材之间的过渡自然、流畅，增强视频的观赏性和连贯性	☆☆☆☆☆
	能够使用常用剪辑手法对素材进行相应剪辑，营造气氛	☆☆☆☆☆
	字幕添加位置不突兀，符合画面内容及审美	☆☆☆☆☆
音频制作	能根据画面选择合适的音频	☆☆☆☆☆
	能够添加适当音效，增强画面效果	☆☆☆☆☆

举一反三

（1）根据所学，完成样片效果。

（2）除 Premiere 外，还有其他常用视频剪辑软件，如剪映等。同学们可自主扫码观看用剪映制作的运动会样片，并自行分析其中所采用的剪辑技巧，如图 2-3-65 所示。

图 2-3-65　运动会样片截图

（3）利用已有素材，运用常用视频剪辑手法剪辑制作运动会运动员风采展示视频，可自选角度，题材不限，完成后发布到自己的账号。

（4）扫码观看中央电视台《感动中国》栏目。

扫码看样片

知识与技能

Premiere 是一款专业的数字影视剪辑软件，掌握一些常用的剪辑手法和关键技能点对于高效完成视频剪辑项目至关重要。视频剪辑中实操项目最关键的技能点，在于转场技巧、色调搭配、镜头语言、创意素材及故事叙事结构的融会贯通。只有将这五大要素紧密结合，方能打造出一部辞藻华丽、生动形象、引人入胜的佳作。以下为常用的剪辑技能点：

（1）转场技巧的应用至关重要。巧妙应用各种转场技巧，能够实现画面自然过渡，使影片观感得以流畅延伸。

（2）卡点剪辑也不容忽视。精确地把握音乐节奏与画面内容，让画面在关键时刻定格，凸显重要元素，进而营造出紧张刺激的气氛。

（3）画面色调的调整与搭配也很关键。通过丰富的色彩搭配，使画面更具视觉冲击力，展现作品的独特风格。

（4）镜头语言的运用需得心应手。通过运用动接动、静接静、远景、近景、特写等镜头语言，揭示故事情节的层次感与深度，同时刻画人物性格，展现细节之美。

（5）在影视创作中，拉镜头转场技巧的应用堪称点睛之笔。它能够在瞬间将观众带入情境，感受场景的宏大或细腻。通过关键帧技术，我们可以实现拉镜头的平滑过渡，使画面在动态与静态之间游刃有余。

（6）创新视角的尝试：在视频剪辑过程中，尝试不同的视角和拍摄手法，如无人机航拍、倒置镜头、慢动作等，可以为作品带来全新的视觉体验。同时，运用创新的剪辑手法，如非线性叙事、跳剪等，能使作品更具个性化。

（7）精益求精的调色：调色是视频剪辑中不可或缺的一环。通过调整画面的亮度、对比度、色调、饱和度等参数，可以使画面更加细腻、丰富。在调色过程中，要注重画面的整体风格，使之与作品主题相得益彰。

（8）片头和片尾的设计：精心设计的片头和片尾，能够为影片增色添彩。通过创意字体、动画、特效等元素，打造独具特色的片头和片尾，给观众留下深刻印象。同时，片头和片尾要与作品主题紧密结合，传达作品的核心信息。

综上所述，掌握视频剪辑的各大技能点，并在实际操作中不断积累经验、勇于创新，才能逐渐成为一名优秀的视频剪辑师。在未来的创作道路上，同学们要以大国工匠精神用心打磨每一部作品，传递影像的力量。

学思践悟

通常，一个电影情景至少要拍 7 遍，而最好的一条，可能也只会用 1/5，这么算来，一部 90 分钟的电影至少要拍 90×7×5=3150（分钟）。这还不算多机位，特效电影同时用五六个位都有可能，假设其他机位加起来只有 A 机位的运算时间那么久，那合计也有 6300 分钟。这样看来，一部 105 小时的电影，演员一句台词要说七遍，说完换各种角度再说几遍，这样无剪辑的"实验电影"，你会去看吗？

剪辑的目的主要是梳理出叙事的逻辑，很多时候拍摄并不按这种逻辑进行，需要后期在庞大而复杂的素材中整理，形成富有节奏、突出主题的叙事模式。这样一来可以提高作品本身的价值，二来也能让观众更好地去理解电影想要表达的内容。所以在运用相同素材的情况下，一部剪辑优秀的作品往往会出类拔萃且引人入胜，吸引更多人关注。

思考：请查找让你印象深刻的短视频剪辑作品，发布到短视频平台个人账号，并进行阐述说明。

3 综合模块

本模块包含 3 个不同类型的短视频真实工作项目，通过项目的制作与学习，了解短视频内容策划方法与流程，能够读懂分镜脚本并尝试撰写短视频脚本，掌握短视频制作流程，以及综合应用 Premiere 与剪映制作不同类型短视频的技能与技巧。

素养目标

1. 具有对短视频的剪辑规划思维能力及策划制作的全局统筹能力；
2. 具有项目式的把控能力及分工协作能力；
3. 深化对短视频剪辑制作行业与岗位的热爱。

知识目标

1. 了解短视频剪辑的原则与注意事项；
2. 熟悉不同类型短视频的一般制作流程；
3. 掌握行业高效整理素材的方法；
4. 掌握素材与文案对应的方法。

能力目标

1. 能完成各场景素材和各类辅助素材的精准划分；
2. 能独立完成文化类、宣传类、公益类、风景类等不同类型短视频的剪辑制作；
3. 能综合应用 Premiere 与剪映等软件，提高剪辑工作效率；
4. 具有协调音乐与画面的能力，能独立设计制作短视频。

项目四　科普类短视频制作——脑机接口

4.1　项目导入

4.1.1　项目背景

随着科技的飞速发展，脑机接口技术作为一项前沿科技，正逐渐走进人们的视野。脑机接口是一种直接在大脑和外部设备之间建立通信的技术，通过解读大脑的电信号或其他生物化学信号，实现对外部设备的控制或获取信息。这种技术为医疗、教育、娱乐等领域带来了巨大的应用价值和前景。本项目旨在以短视频的形式，深入浅出地通过艺术性语言的应用及未来展望，让观众在短时间内全面了解这一革命性的技术。

4.1.2　学习目标

素养目标

1.通过搜集制作脑机接口技术相关素材，了解脑机接口技术在现实生活和科技领域中的应用，存在的隐患及发展前景；

2.培养符合行业需求的剪辑规划思维能力；

3.强化项目式的把控意识及分工协作能力；

4.培养科技素养和创新思维能力。

知识目标

1.了解短视频剪辑镜头组接的操作方式；

2.理解短视频剪辑节奏与背影音乐的吻合；

3.熟悉字幕的添加方法；

4.掌握短视频剪辑的特效混合方法。

能力目标

1.能完成各场景素材和各类辅助素材的精准划分；

2.能完成各岗位分工剪辑，形成场景和序列对应；

3. 能完成 Premiere 联动各软件，提高剪辑工作效率；

4. 能完成符合行业要求的高质量成片。

4.1.3 项目任务单

某医疗科研机构计划制作一个宣传脑机接口技术的短视频，希望让更多人了解这一革命性技术。《心灵之舞 未来之舞》科普短视频任务单如表 3-4-1 所示。

表 3-4-1 《心灵之舞 未来之舞》科普短视频任务单

项目：《心灵之舞 未来之舞》科普短视频	
背景意义	在科技日新月异、人类不断探索未知的今天，脑机接口（BMI）技术作为连接大脑与外部世界的前沿科技，正逐渐从科幻电影的想象走向现实生活的应用。 脑机接口技术的应用潜力巨大，不仅可以帮助残疾人士恢复运动能力、提高生活质量，还可以在医疗、娱乐、交通等领域带来创新性的变革。然而，脑机接口技术的发展也面临着诸多挑战，随着科技的飞速发展和人类对于未知领域的不懈探索，脑机接口技术将不断取得新的突破和进步。在不久的将来，脑机接口技术将成为改变人类生活方式的重要力量，带领我们进入一个充满无限可能的新时代
短视频文案	在未来的某一刻，我们的思维不再是束缚在肉体中的孤独旅行者。脑机接口，就是那扇连接心灵与未来的门，让思维得以自由飞翔。 想象一下，当你轻轻一念，周围的世界便为你起舞。你的每一个思绪，都成为与万物对话的魔法。无须言语，只需思考，万物便为你呈现。音乐、电影、书籍，只需一个意念，便能沉浸其中，体验前所未有的感官盛宴。 对于那些身体受限的朋友，脑机接口如同天使的羽翼，带你飞越困境。不再受制于身体的束缚，只需一个念头，便能驾驭万物。假肢、轮椅，都将成为你探索世界的伙伴，让你重新找回那份对生活的热爱与自由。 但这不仅仅是科技的进步，更是心灵的解放。脑机接口，让我们重新认识自己，重新定义生活的可能性。它让我们相信，无论身处何种境遇，只要心灵自由，未来便有无穷无尽的可能。 让我们一起跃入这个未来的海洋，与脑机接口共舞。让心灵与机器共同编织一个美丽的新世界，让我们的思维在这无垠的宇宙中自由翱翔
应用场景	视频平台：在各大视频平台（如哔哩哔哩、抖音等）发布视频。 KOL 合作：寻找相关领域的 KOL 进行合作，扩大视频影响力。 自媒体平台：在公众号、知乎等自媒体平台进行推广。 社交媒体：利用微博、微信等社交媒体进行宣传
素材基础	提供了部分图片和视频资料

4.2 项目实施

4.2.1 项目策划

《心灵之舞 与未来共舞》科普短视频项目策划如表 3-4-2 所示。

表 3-4-2 《心灵之舞 与未来共舞》科普短视频项目策划

短视频主题	心灵之舞 与未来共舞					
策划背景	随着科技的飞速发展，脑机接口（BMI）技术已经逐渐从科幻概念走向现实应用。作为一种能够直接连接大脑与计算机或电子设备的前沿技术，BMI 在医疗、娱乐、交通等领域展现出了巨大的潜力和应用价值。然而，对于大多数人来说，BMI 仍然是一个相对陌生的领域。因此，我们计划制作一系列关于 BMI 的短视频，旨在向公众普及 BMI 的基本知识、展示其应用实例，并探讨相关的伦理和社会问题。从而提高公众对 BMI 的认知度和接受度，促进该领域的学术交流和商业合作					
受众人群	1. 医学、工程、计算机科学等专业的学生或从业者：介绍 BMI 技术的短视频可以作为一种有效的教育资源，帮助他们快速了解并掌握相关知识。 2. 科研人员和工程师：通过短视频分享他们的研究成果、实验过程和技术细节，从而促进学术交流和合作。 3. 12~25 岁青少年：提高他们对这一领域的兴趣，激发他们的创意和想象力。 4. BMI 技术的开发商和制造商：可以吸引潜在的投资者和合作伙伴					
分镜脚本	序号	场景内容	运镜	景别	解说词	背景音乐	匹配画面及时长
	1	航拍城市空境	移	大全景	在未来的某一刻……	轻缓音乐	2秒
	2	女孩眺望远方	固定机位	近景	我们的思维不再是束缚在肉体中的孤独旅行者	轻缓音乐	1秒
		男孩在山下走	跟	全景	我们的思维不再是束缚在肉体中的孤独旅行者	轻缓音乐	2秒
	3	实验室脑机接口实验	固定机位	中景	脑机接口，就是那扇连接心灵与未来的门	欢快音乐	3秒
	4	野生动物园	固定机位	近景	你的每一个思绪，都成为与万物对话的魔法	激昂的音乐	1秒
	5	航拍园林空境	拉	大全景	无须言语，只需思考，万物便为你呈现	激昂的音乐	2秒

续表

| 营销计划 | 一、推广策略
1. 合作推广：与相关领域的媒体、机构合作，通过他们的平台进行推广，扩大影响力。
2. 社交媒体传播：在抖音、快手等短视频平台发布视频，并通过微信、微博等社交媒体进行分享和传播。
3. 线下活动：举办或参与相关领域的线下活动，如科技展、学术会议等，进行现场宣传和推广。
4. 有奖互动：设置一些有奖互动环节，如知识问答、创意征集等，吸引受众参与并分享。
二、评估与反馈
1. 数据分析：定期分析短视频的播放量、点赞量、评论量等数据，评估营销效果。
2. 受众反馈：通过调查问卷、在线访谈等方式收集受众反馈，了解他们对 BMI 技术的认知和需求。
3. 内容优化：根据数据分析和受众反馈，对短视频内容进行优化和调整，提高传播效果。
通过以上营销计划，我们希望能够让更多的人了解并关注 BMI 技术，推动该领域的发展和进步 |

4.2.2 制作分析

《心灵之舞 与未来共舞》科普短视频制作分析如表 3-4-3 所示。

表 3-4-3 《心灵之舞 与未来共舞》科普短视频制作分析

任务 1 制作音频	运用前面所学的知识点使用剪映软件进行文字转语音
任务 2 制作主片	启动 Premiere 软件，新建 1920 像素 × 1080 像素大小的序列。 导入解说词。 根据解说词添加视频素材。并采用"剃刀"工具和"源监视"面板裁剪自己需要的素材片段。 为素材制作分屏效果。 为素材添加转场特效。 为成片添加音效和背影音乐。
任务 3 添加字幕	启动剪映软件，开始创作。 导入解说词配音。 利用文字菜单下的智能字幕，进行字幕识别。 导出 SRT 格式的字幕文件。 启动 Premiere 软件，将字幕文件导入。 调整字幕文件的字幕样式。 检查有无错别字
任务 4 推广与发布	生成 mp4 格式的短视频，选择平台进行发布

4.2.3 具体实施

可扫码观看样片，样片截图如图 3-4-1 和图 3-4-2 所示。

图 3-4-1 样片截图（一）　　图 3-4-2 样片截图（二）

扫码观看样片

任务1　制作音频

运用前面所学的知识点使用剪映软件将文案转成音频。

提示：在转音频之前可以在文字元素中添加适当的标点符号和换行符，以控制语音的节奏和停顿。另外，还可以根据视频的内容与风格选择合适的语音音色和语速，以及调整音量大小，以达到最佳的效果。

任务2　制作主片

Step01 添加视频素材。

（1）选择"开始→所有程序→Adobe→Premiere Pro 2022"，启动 Premiere，弹出"开始"对话框，单击"新建项目"按钮，进入"新建项目"对话框。

（2）在"名称"文本框中输入"all"，单击"浏览"按钮，选择项目保存的位置，单击"确定"按钮，进入"Premiere Pro 2022"工作界面，如图 3-4-3 所示。

图 3-4-3　"Premiere Pro 2022"工作界面

（3）选择"文件→新建→序列"命令（或使用快捷键"Ctrl+N"），弹出"新建序列"对话框，序列名称为"心灵之舞 未来之舞"，选择"AVCHD 1080p 方形像素"模式，如图 3-4-4 所示，单击"确定"按钮，选择"文件→导入"命令（或使用快捷键"Ctrl+I"），弹出如图 3-4-5 所示的"导入"对话框，选中本案例中所有素材，单击"打开"按钮，将所有素材导入"项目"面板，如图 3-4-6 所示。

图 3-4-4　序列设置

图 3-4-5　"导入"对话框

图 3-4-6　"项目"面板

在"项目"面板上选中"脑机接口配音",拖到音频"A1"轨道,根据音频仪表的参数,调整配音的音量,一般将音频音量调整到"-12～-6"之间。

(4)将时间指示器移到"00:00:00:00"处,将素材"视频1科技"拖到"V1"轨道,单击鼠标右键,取消链接,将音频删除。将时间指示器移到"00:00:01:14"处,将视频后半段删除,如图3-4-7所示。

图 3-4-7　添加"视频1科技城市"素材

（5）将时间指示器移动到"00∶00∶01∶14"处，将素材"视频2眺望远方"移到时间轴"V1"轨道上，如图3-4-8所示。双击视频，在"源监视器"面板，将时间指示器移动到"00∶00∶02∶19"处，单击"标记入点"，再将时间指示器移到"00∶00∶07∶03"处，选择"标记出点"，将裁剪好的视频拖到前面素材的后面，如图3-4-9所示。

图3-4-8　添加"视频2眺望远方"素材　　　　图3-4-9　"源监视器"面板

（6）将时间指示器移动到"00∶00∶05∶23"处，将素材"视频3"移到时间轴"V1"轨道上，在"源监视器"面板截取5~7秒之前的部分。如图3-4-10所示。

（7）将时间指示器移动到"00∶00∶13∶02"处，将素材"视频4"移到时间轴"V1"轨道上，在"源监视器"面板截取"00∶00∶13∶02~00∶00∶18∶14"之前的部分，并将素材移到"视频3"素材后面，如图3-4-11所示。

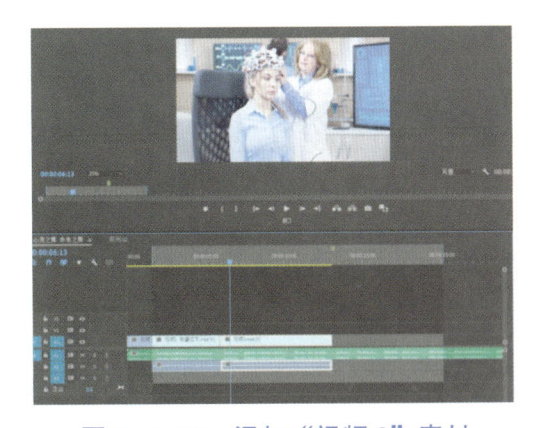

图3-4-10　添加"视频3"素材　　　　图3-4-11　添加"视频4"素材

（8）将时间指示器移动到"00∶00∶19∶00"处，将素材"视频5"移到时间轴"V1"轨道上，在"源监视器"面板截取"00∶00∶18∶10~00∶00∶22∶15"之前的部分，并将素材移到"视频4"后面，如图3-4-12所示。

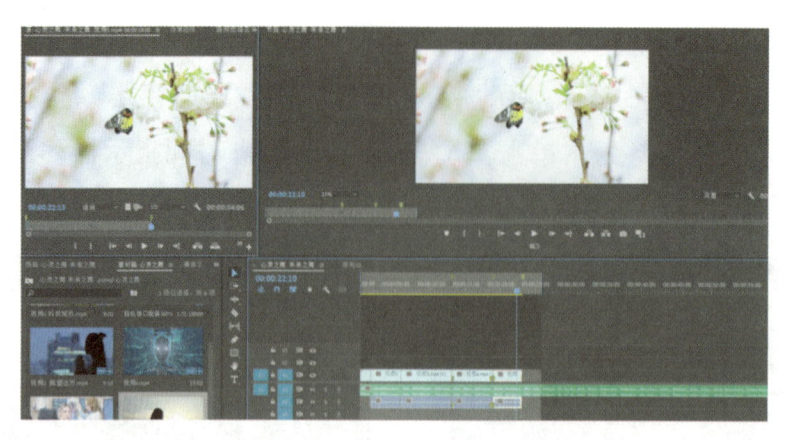

图 3-4-12 添加"视频 5"素材

（9）将时间指示器移动到"00：00：23：06"处，将素材"视频 6"移到时间轴"V1"轨道上，如图 3-4-13 所示。

（10）将时间指示器移动到"00：00：27：12"处，将素材"视频 7 钢琴"移到视频"V1"轨道上，打开"效果控件"面板，将"缩放比例"调整为"150.0"，如图 3-4-14 所示。

图 3-4-13 添加"视频 6"素材　　图 3-4-14 调整"视频 7 钢琴"缩放参数面板

（11）将时间指示器移动到"00：00：29：00"处，将素材"视频 8 电影"移到视频"V2"轨道上，打开"效果控件"面板，将"缩放比例"调整为 155.0。

（12）将时间指示器移动到"00：00：29：21"处，将素材"视频 9 读书"移到视频"V3"轨道上，打开"效果控件"面板，将"缩放比例"调整为 155.0。

（13）对"视频 7 钢琴、视频 8 电影、视频 9 读书"三个素材做分屏处理。

在"V1"轨道单击鼠标右键，选择"添加单个轨道"，这样在"V1"轨道上面就多了一条轨道，如图 3-4-15 所示。将"视频 7 钢琴"素材向上移动，空出"V1"轨道，选择菜单栏中"图形和标题"中的"新建图层"，选择"矩形"，如图 3-4-16 所示。

图 3-4-15 添加单个轨道　　　　图 3-4-16 新建矩形面板

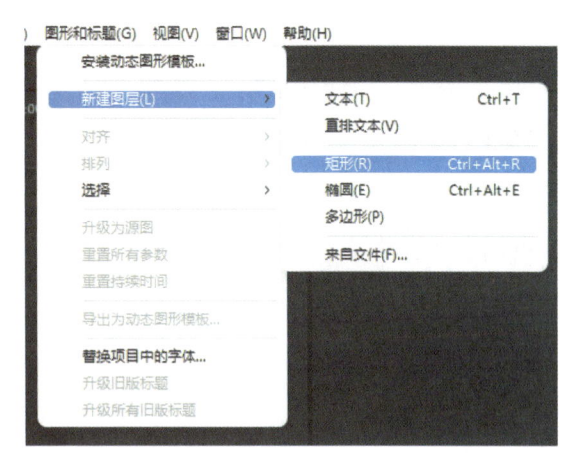

将"矩形"移到"V1"轨道,在"效果控件"面板,将"缩放"参数设置为638.0,在"效果控件"面板展开"形状",调整颜色为"白色",如图3-4-17所示。

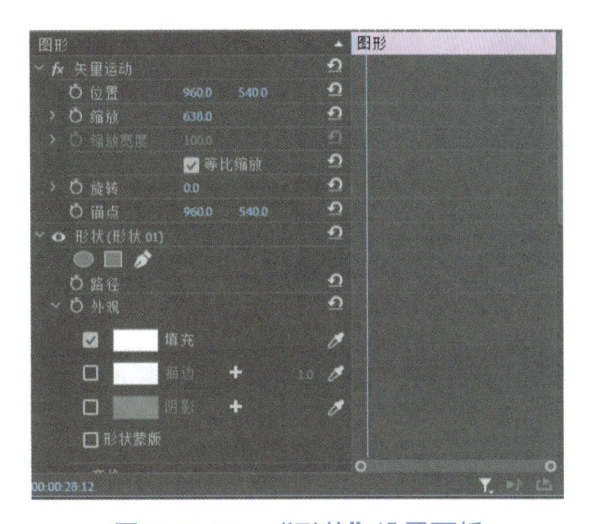

图 3-4-17 "形状"设置面板

将时间指示器移动到"00:00:28:08"处,单击素材"视频7钢琴",在"效果控件"面板,展开"不透明度",选择钢笔工具,在素材"视频7钢琴"上面,画出一个"梯形",如图3-4-18所示。将"蒙版羽化"参数设置为0.0,"蒙版扩展"参数设置为0.0,如图3-4-19所示。

图 3-4-18 给"视频7钢琴"素材绘制蒙版　　　　图 3-4-19 "蒙版"参数设置

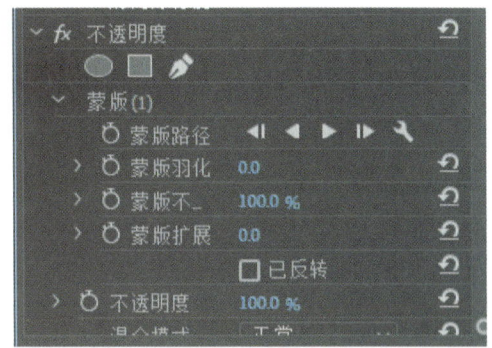

将时间指示器移动到"00：00：29：11"处，单击素材"视频8电影"，在"效果控件"面板，展开"不透明度"，选择"钢笔"工具，在素材"视频8电影"上面，画出一个"平行四边形"，如图3-4-20所示。将"蒙版羽化"参数设置为0.0，"蒙版扩展"参数设置为0.0。

将时间指示器移动到"00：00：30：07"处，单击素材"视频9读书"，在"效果控件"面板，展开"不透明度"，选择"钢笔"工具，在素材"视频9读书"上面，画出一个"梯形"，如图3-4-21所示。将"蒙版羽化"参数设置为0.0，"蒙版扩展"参数设置为0.0。

图3-4-20　给"视频8电影"添加蒙版 　　　图3-4-21　给"视频9读书"添加蒙版

将时间指示器移动到"00：00：32：10"处，选中"视频7钢琴、视频8电影、视频9读书、图形"四个素材，选择"剃刀"工具，按住"Shift"键，然后将四个素材同时裁剪，选中后半部分，删除，如图3-4-22所示。

图3-4-22　删除素材多余部分

（14）将时间指示器移动到"00：00：32：10"处，导入素材"视频10"到视频"V1"轨道上。

（15）将时间指示器移动到"00：00：37：00"处，导入素材"视频11"，双击素材，然后在"源监视器"面板，截取"00：00：36：23~00：00：50：06"之间的片段，如图3-4-23所示。

（16）将时间指示器移动到"00：00：50：06"处，导入素材"视频12假肢"，然后将时间指示器移动到"00：00：51：03"处，对素材进行裁剪，剪掉后半段视频素材。

（17）将时间指示器移动到"00：00：51：03"处，导入素材"视频13轮椅"到视频"V1"轨道，如图3-4-24所示。

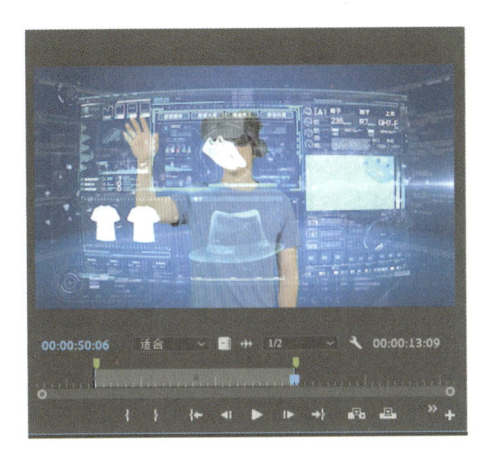

图 3-4-23 截取"视频 11"素材 　　　图 3-4-24 导入"视频 13 轮椅"界面

（18）将时间指示器移动到"00∶00∶51∶24"处，导入素材"视频 14、视频 15、视频 16"，然后待三段视频素材移动到视频"V1"轨道，如图 3-4-25 所示。

图 3- 4-25 导入"视频 14、视频 15、视频 16"三段素材

（19）选中所有的素材，单击鼠标右键，单击"取消链接"，如图 3-4-26 所示。选中所有素材的音频，单击"删除"键，如图 3-4-27 所示。

图 3-4-26 "取消链接"快捷键 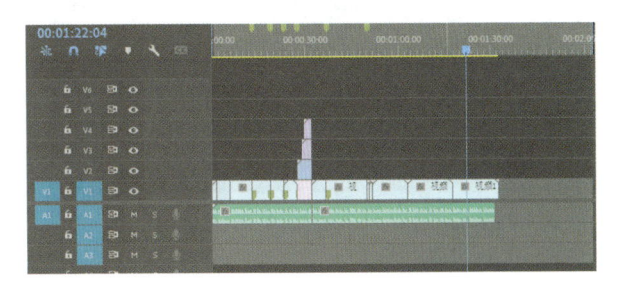　　　图 3-4-27 删除素材的音频界面

Step02 为主片添加音频音效。

（1）将时间指示器移动到"00：00：00：00"处，将音频素材"大气背景音乐"拖到音频轨道"A2"轨道上，双击音频素材，在"源监视器"面板中，截取"00：00：25：23~00：02：00：09"的片段。将时间指示器移动到"00：00：04：18"处，双击"A2"音频轨道，展开音频素材的音波，按住"Ctrl"键，在音频素材的白色线上点一下，会出现一个关键帧，将时间指示器移动到"00：00：00：00"处，按住"Ctrl"键，在音频素材的白色线上点一下，会出现第二个关键帧，将此关键帧向下拉。同样音频素材的结尾也这样处理，就出现了"淡入淡出"的效果，如图3-4-28所示。

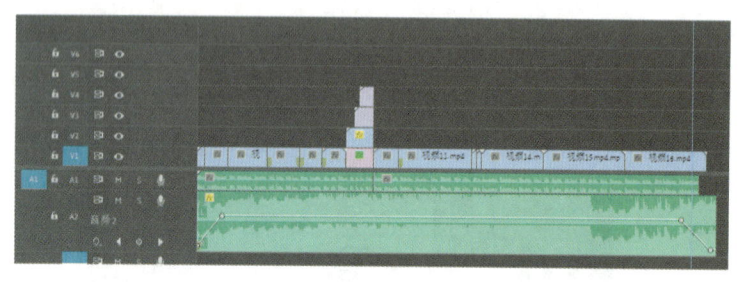

图3-4-28　为音频素材添加"淡入淡出"效果

（2）将时间指示器移动到"00：00：07：03"处，将音效素材"音效1科技"拖到音频轨道"A3"轨道。将时间指示器移动到"00：00：23：07"处，按住"Alt"键，点住"A3"轨道上的"音效1科技"不松鼠标，一直拖到"00：00：23：07"处，这样就复制了前面的音效。用同样的办法，将"音效1科技"复制到"00：00：47：08"处、"00：01：03：08"处、"00：01：23：13"处，如图3-4-29所示。

（3）将时间指示器移动到"00：00：25：23"处，将音效素材"音效3转场"拖到音频轨道"A4"轨道上，并将此音效复制到"00：00：35：12"处。

（4）将时间指示器移动到"00：00：28：22"处，将音频素材"音效4转场"拖到音频轨道"A3"轨道上，并将此音效复制到"00：00：29：18"处。

（5）将时间指示器移动到"00：01：18：07"处，将音频素材"音效5转场"拖到音频轨道"A3"轨道上，如图3-4-30所示。

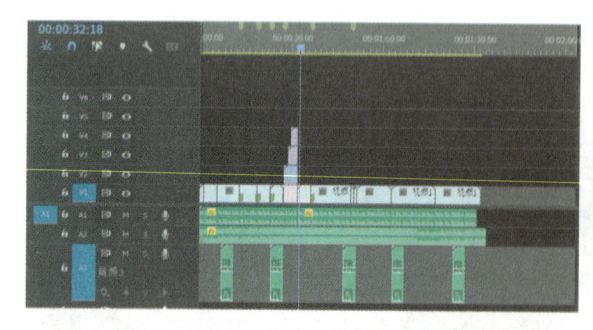

图3-4-29　添加"音效1科技"　　　　图3-4-30　音效的添加

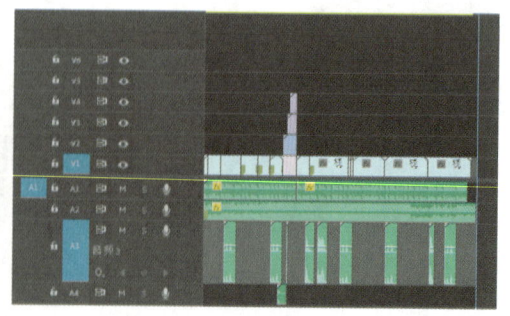

Step03　为主片添加转场特效。

（1）将时间指示器移动到"00：00：50：06"处，单击"效果"面板，展开"视频过渡",找到"内滑"中的"推"效果,将其拖到"视频11"和"视频12"两段素材中间,如图 3-4-31 所示。

图 3-4-31　添加"推"的转场效果

(2)双击"推"的效果,然后将持续时间修改成"00∶00∶00∶06"处,单击"确定"按钮,如图 3-4-32 所示。

(3)将时间指示器移动到"00∶00∶51∶03"处,单击"效果"面板,展开"视频过渡",找到"内滑"中的"推"效果,将其拖到"视频12"和"视频13"两段素材中间,将持续时间调整为"00∶00∶00∶05",如图 3-4-33 所示。

图 3-4-32　调整"推"的持续时间(一)　　图 3-4-33　调整"推"的持续时间(二)

任务3　添加字幕

Step01　打开剪映软件,单击"开始创作"按钮,如图 3-4-34 所示。

图 3-4-34　剪映界面

Step02 将音频素材"脑机接口配音"拖到时间线上，如图3-4-35所示。

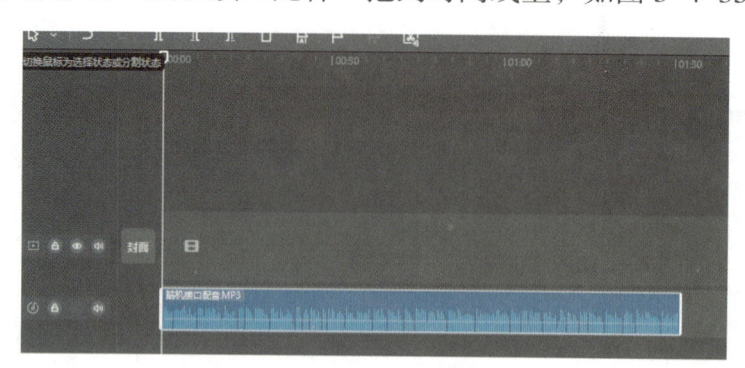

图3-4-35 导入音频素材

Step03 单击"效果"面板中的"文本"，找到"智能字幕"，单击"识别字幕"下的"开始识别"按钮，如图3-4-36所示。

图3-4-36 识别字幕界面

Step04 剪映将识别的字幕在时间轴上全部展示出来，如图3-4-37所示。预览一下，检查有无错别字。

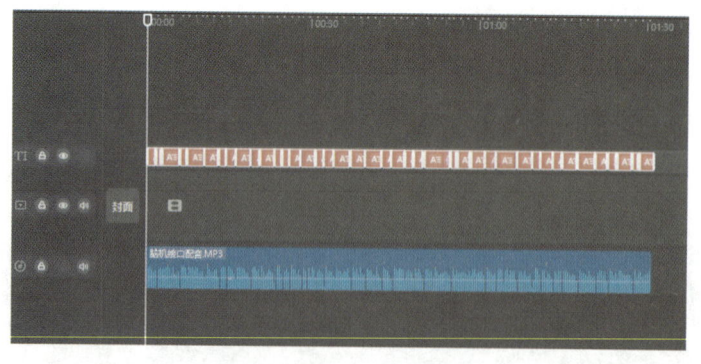

图3-4-37 字幕界面

Step05 字幕检查无误后，单击右上角的"导出"按钮，如图3-4-38所示。在弹出的对话框中，将标题修改成"脑机接口字幕"，选择字幕导出的位置。将"视频导出"和"音频导出"取消选择，只选择"字幕导出"。"字幕导出"格式选择"SRT"格式，如图3-4-39所示。

图 3-4-38　导出命令　　　　　图 3-4-39　字幕导出界面

Step06　打开 Premiere 工程文件，将时间指示器移动到"00：00：00：00"处，将在剪映软件导出的"脑机接口字幕"文件拖到时间轴上，会弹出"新字幕轨道"的对话框，单击"确定"按钮，如图 3-4-40 所示。

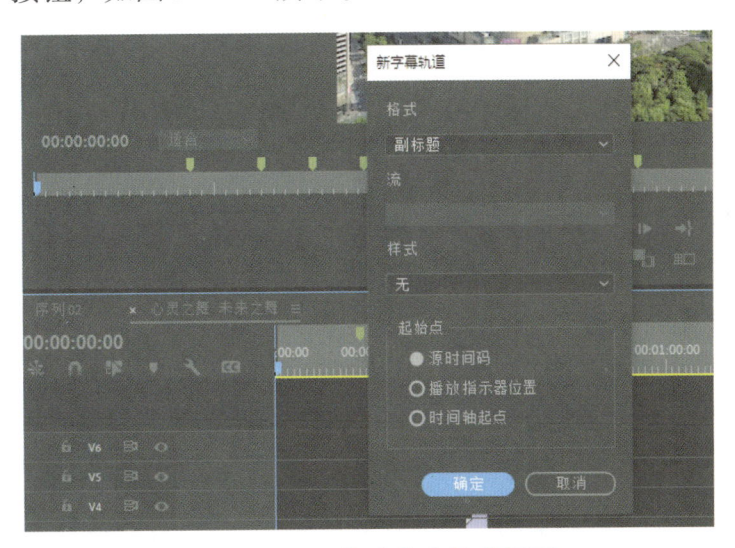

图 3-4-40　新建字幕轨道界面

Step07　将时间指示器移动到"00：00：00：17"处，单击第一个字幕文件，会发现字体不合适。框选所有的字幕文件，在右侧"基本图形"面板，修改字体为"黑体"，颜色填充为白色，添加阴影为黑色，阴影的不透明度参数为 100%，角度为 135°，距离为 3.0，大小为 6.0，模糊为 12，如图 3-4-41 所示。

图 3-4-41　字幕设置界面

Step08　根据解说词预览所有字幕文件，检查是否与解说内容相对应。

任务4　推广与发布

Step01　检查整个工程文件，无误后，使用快捷键"Ctrl+M"导出视频，如图 3-4-42 所示。

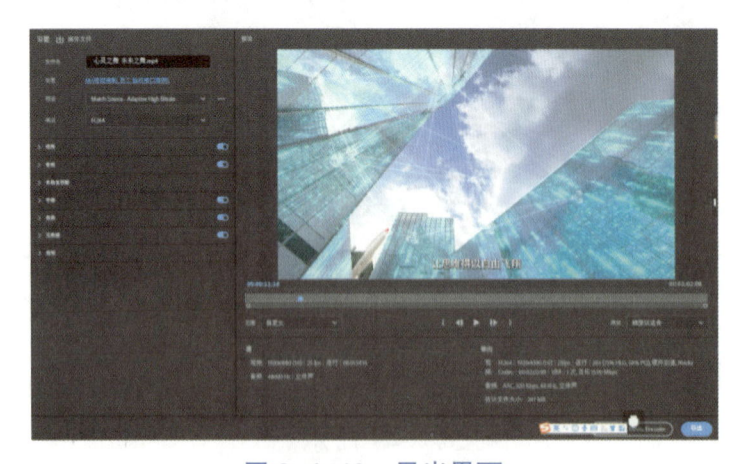

图 3-4-42　导出界面

Step01　短视频在制作完成之后，在抖音平台进行发布。

（1）了解网络短视频内容审核标准细则。

（2）发布之前，为自己要发布的短视频提炼有看点的标题。本短视频标题为"心灵之舞 与未来共舞"。

（3）为自己要发布的短视频制作封面，如图3-4-43所示。

图 3-4-43　封面

（4）登录抖音、快手、哔哩哔哩短视频平台，了解平台发布流程。

（5）了解发布推广技巧，关联相关话题，例如本案例关联"脑机接口现状、沉浸式脑机VR"等。关联数据指标：播放率、点赞率、评论率、转发率、收藏率。

（6）了解第三方数据分析工具：新榜、飞瓜数据、卡思数据、蝉妈妈。

在发布阶段，创作者要做的工作主要包括选择合适的发布渠道、渠道短视频数据监控和渠道发布优化。只有做好这些工作，短视频才能够在最短的时间内打入新媒体营销市场，迅速地吸引粉丝，进而获得知名度。

发布建议：对于本项目而言，所制作的短视频应选择以横屏短视频为主的平台进行发布；发布时间尽量选择早上7：00—8：00、中午12：00—13：00、晚上18：00—20：00之间，即用户碎片时间较多的时间段；发布的文案及标签体现"科技""创新""人工智能"等关键词。

4.3　项目评价

分类	指标说明	完成情况
视频制作	准确创建项目、序列并命名	☆☆☆☆☆
	能使用剪映"智能字幕"进行文字转语音	☆☆☆☆☆
	能使用剪映软件对语音进行"字幕识别"	☆☆☆☆☆
	能制作分屏效果	☆☆☆☆☆
	能为素材添加转场效果	☆☆☆☆☆
音频制作	能根据画面的内容截取恰当的背景音乐	☆☆☆☆☆
	为增加短片节奏感，能添加恰当的音效	☆☆☆☆☆

4.4 项目总结

4.4.1 思维导图

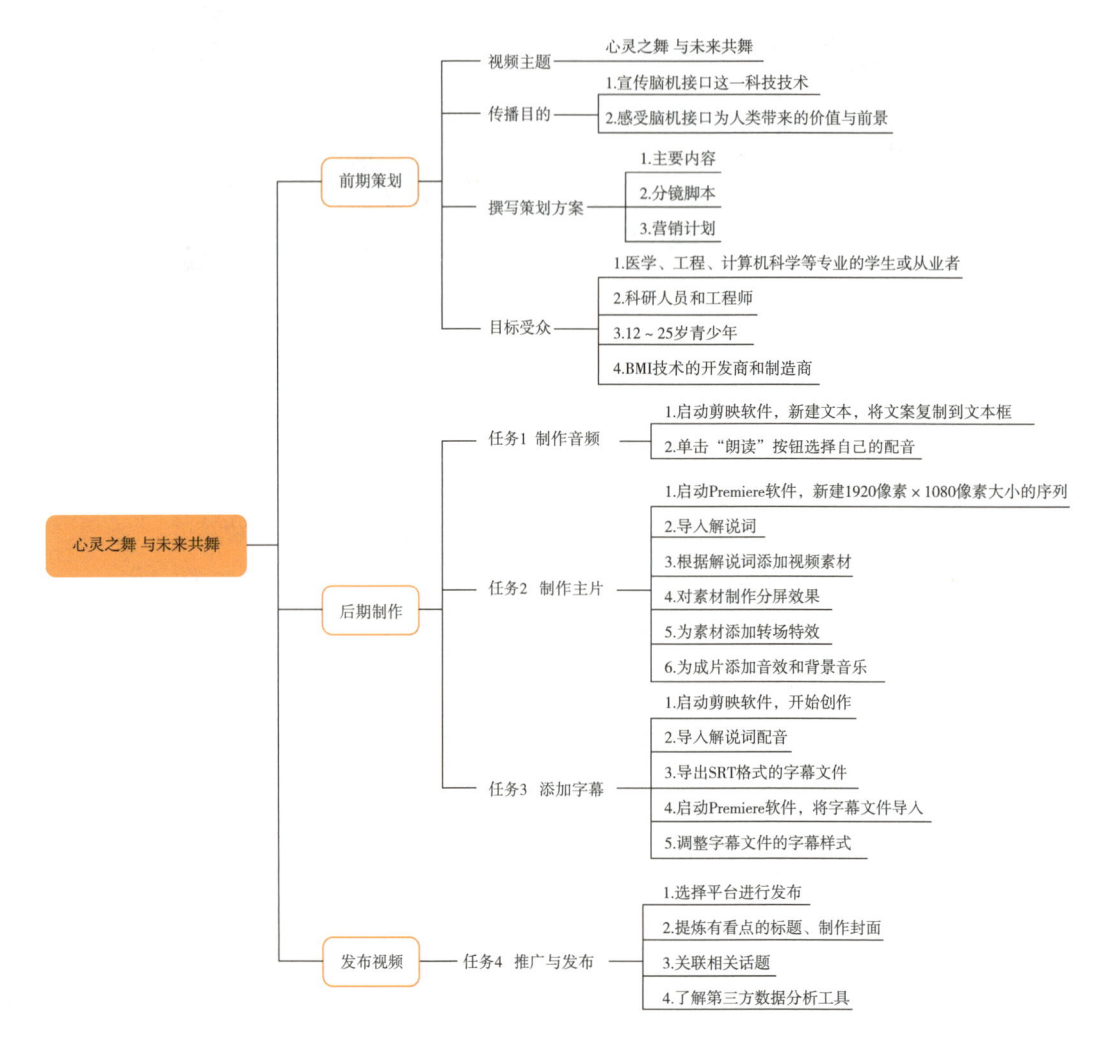

```
心灵之舞 与未来共舞
├─ 前期策划
│  ├─ 视频主题 ── 心灵之舞 与未来共舞
│  ├─ 传播目的
│  │  ├─ 1.宣传脑机接口这一科技技术
│  │  └─ 2.感受脑机接口为人类带来的价值与前景
│  ├─ 撰写策划方案
│  │  ├─ 1.主要内容
│  │  ├─ 2.分镜脚本
│  │  └─ 3.营销计划
│  └─ 目标受众
│     ├─ 1.医学、工程、计算机科学等专业的学生或从业者
│     ├─ 2.科研人员和工程师
│     ├─ 3.12～25岁青少年
│     └─ 4.BMI技术的开发商和制造商
├─ 后期制作
│  ├─ 任务1 制作音频
│  │  ├─ 1.启动剪映软件，新建文本，将文案复制到文本框
│  │  └─ 2.单击"朗读"按钮选择自己的配音
│  ├─ 任务2 制作主片
│  │  ├─ 1.启动Premiere软件，新建1920像素×1080像素大小的序列
│  │  ├─ 2.导入解说词
│  │  ├─ 3.根据解说词添加视频素材
│  │  ├─ 4.对素材制作分屏效果
│  │  ├─ 5.为素材添加转场特效
│  │  └─ 6.为成片添加音效和背景音乐
│  └─ 任务3 添加字幕
│     ├─ 1.启动剪映软件，开始创作
│     ├─ 2.导入解说词配音
│     ├─ 3.导出SRT格式的字幕文件
│     ├─ 4.启动Premiere软件，将字幕文件导入
│     └─ 5.调整字幕文件的字幕样式
└─ 发布视频
   └─ 任务4 推广与发布
      ├─ 1.选择平台进行发布
      ├─ 2.提炼有看点的标题、制作封面
      ├─ 3.关联相关话题
      └─ 4.了解第三方数据分析工具
```

4.4.2 举一反三

一、填空题

1.在素材间添加默认转场，可以用快捷键（   ），这个默认的转场（   ）；如果各段素材在同一轨道中，需将它们（   ）；如果各段素材不在同一轨道，则需将它们（   ）。

2.在制作字幕时经常遇到要制作多个风格、版式相同，只是其中文字不同的同类型的字幕，这时用工具（   ）最为合适。

3.音频特效共包含3大类型的声道，分别是（   ）、（   ）和（   ）。

4.Premiere在做分屏时可以采用（   ）和（   ）两种方法。

5.音频转场的特效有（   ）、（   ）和（   ）。

二、上机操作

请对《心灵之舞 与未来共舞》的成片加上片头和片尾。要求如下：

（1）片头和片尾风格与短视频相符。

（2）片头和片尾需要具有一定的创意性和吸引力，能够引起观众的兴趣，留下深刻的印象。

（3）片头和片尾需要简洁明了，突出短视频的主题，尽量避免过长的开头和结尾，让观众能够快速地理解短视频的内容。

（4）片头和片尾需要合适的音乐搭配，能够与画面内容相匹配，以增强观众的视听体验，达到更好的传播效果。

（5）片头和片尾需要运用适当的视觉效果，如动画、特效等，增强视觉冲击力和观赏性，让短视频更加生动有趣。

（6）片头和片尾需要清晰的标题和字幕，让观众能够快速了解短视频的主题，增强信息传递效果。片头和片尾样片截图如图3-4-44和图3-4-45所示。

图3-4-44　片头样片截图

图3-4-45　片尾样片截图

4.5 关键技能

4.5.1 短视频策划流程

随着社交媒体的兴起和智能手机的普及，短视频成为人们生活中不可或缺的一部分。制作一部吸引人的短视频需要进行精心策划。

1. 组建团队、分工明确

单靠一个人运营抖音号，是极其困难的事，能坚持一时却很难一直坚持下去。一个人的能力也有限，总有自己的短板。其实不管是微博还是微信公众号，或者是其他直播平台，那些走上人气顶端、商业价值顶端的主播背后都不是自己一个人在操作，而是由团队在运作。所以，团队组建是使一个账号迈向巅峰必须要走的一步。团队成员大致可分为导演、编导、摄像师、剪辑师、特效师、演员等。

2. 确定短视频的主题和目标受众

在制作短视频之前，首先要确定短视频的主题和目标受众。主题可以是旅行、美食、健身等各种内容，但需要确保与目标受众的兴趣相关。例如，如果目标受众是年轻人，那么可以选择一些时尚、音乐或搞笑类的主题。

3. 编写剧本和绘制分镜脚本

在制作短视频之前，编写剧本和绘制分镜脚本是非常重要的。剧本也可以称为文案，可以帮助你明确视频的内容和叙事结构，分镜脚本是为效率和结果服务的，是拍摄视频的依据，可以帮助你合理安排时间和资源。剧本不需要太长，但要清晰明了，包括开头、中间和结尾的情节安排。

4. 准备拍摄设备和道具

拍摄短视频需要准备一些基本的设备，如智能手机、摄像机、三脚架等。此外，根据剧本的需求，还需要准备一些道具和服装。确保设备和道具的质量与适用性可以提高视频的拍摄效果。

5. 拍摄和录制素材

在拍摄短视频时，要注意场景的选择和构图的布局。选择具有吸引力和代表性的场景可以增加视频的观赏性。在构图时，可以运用一些拍摄技巧，如对焦、镜头运动等，来增强视频的表现力。

录制素材时，要注意声音的清晰度和画面的稳定性。使用外接麦克风可以提高声音的质量，使用稳定器可以避免画面抖动。另外，可以尝试不同的拍摄角度和镜头，以加强视频的变化和吸引力。

6. 剪辑和编辑视频

剪辑和编辑是制作短视频的关键步骤。在剪辑时，可以选择一些精彩的片段，并删除无关紧要的部分。此外，可以添加一些过渡效果和音乐，以提升视频的流畅性和观赏性。

在编辑时，可以调整视频的色彩、亮度和对比度，以使画面更加生动。还可以添加字幕、标签和特效，以增强视频的表现力。在编辑过程中，要注意保持视频的连贯性和一致性，避免过度使用特效和过渡效果。

7. 推广与营销

在编辑完成后，可以将短视频导出为常见的视频格式，如 mp4、mov 等。

制作完成后，开始进行多方面多维度推广，可以将短视频分享到各种社交媒体平台，如抖音、快手、微信等。在分享时，可以添加一些相关的标签和描述，以增加视频的曝光度和传播效果。此外，还可以与其他创作者合作，互相推广和分享彼此的短视频。

综上所述，制作一条吸引人的短视频需要一定的技巧和步骤。从确定主题和目标受众，到编写剧本和策划拍摄计划，再到拍摄和录制素材，进行剪辑和编辑，最终导出和推广短视频。只有掌握这些步骤和方法，才可以制作出高质量、有趣且吸引人的短视频。

4.5.2 案例要点

1. 剪映软件与 Premiere 的联合使用

剪映软件可以将文字转语音，形成 Premiere 的剪辑配音，同时短视频制作完成后，可以运用剪映添加字幕，并能将字幕文件导入 Premiere 进行编辑。

2. 素材分屏画面的制作方法

Premiere 制作分屏可以利用"效果控件"面板中的"不透明"属性中"钢笔"工具绘制，如图 3-4-46 所示。

3. 背影音乐和音效的添加

如果想要调整音乐或音效的长度，可以使用"剪切"工具。选择"剪切"工具，然后在时间轴上选中音频文件，单击需要进行剪切的位置，最后按下"删除"键即可实现文件的剪切。

如果希望在视频中使用音乐的特定片段或音效的特定部分，可以使用剪辑功能。可以在英文状态下单击"C"快捷键使用"剃刀"工具，还可以在"源监视器"面板进行截取，如图 3-4-47 所示。（视频也可以运用这两种方法。）

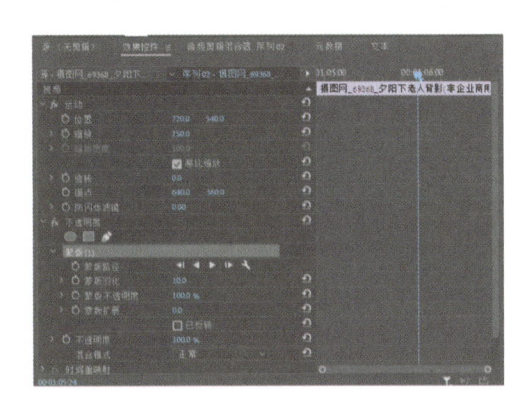

图 3-4-46 　"钢笔"工具使用界面　　图 3-4-47 　"源监视器"面板

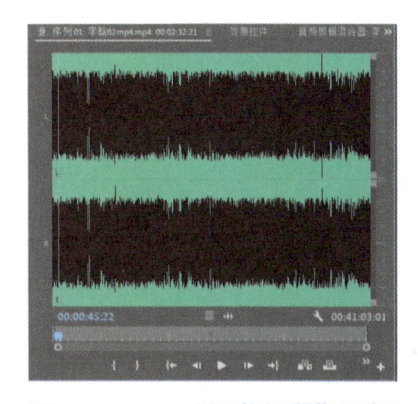

如果音频素材和视频素材取消链接进行错位后，又想恢复到音频文件和视频文件的起始时间点保持一致，可使用"同步"功能。在时间轴上选中音频文件和视频文件，然后用鼠标右键单击其中一个文件，选择"同步"，如图 3-4-48 所示。在弹出的对话框中，选择"剪辑开始"按钮，然后单击"确定"按钮，视频和音频文件就同步到最初的状态了，如图 3-4-49 所示。

图 3-4-48 　选择"同步"命令　　图 3-4-49 　"同步"对话框

4. 如何增加短片的节奏感

（1）合理运用剪辑过渡效果。

剪辑过渡效果是连接不同场景的关键。选择合适的过渡效果，如淡入淡出、擦除等，能够使画面转换更加自然，增强视频的节奏感。

（2）掌握快速剪辑技巧。

快速剪辑可以增加视频的紧张感和冲击力。通过快速切换画面和剪辑过渡，使视频呈现出一个连贯、流畅的视觉效果，让观众目不暇接，从而提升视频的节奏感。

（3）音乐与视频的完美结合。

音乐是提升视频节奏感的重要元素。选择与视频内容相匹配的音乐，能够营造良好的情感氛围。

（4）创造鲜明的对比效果。

通过剪辑不同节奏的场景，可以创造出鲜明的对比效果，增强视频的节奏感。例如，使动感的场景与安静的场景交替出现，或是在快节奏与慢节奏之间进行转换，以制造出一种戏剧性的张力。

（5）灵活运用拍摄角度和镜头变化。

拍摄角度和镜头变化可以增加视频的动态感和观感。利用不同的拍摄角度和镜头移动，如推、拉、摇、移等，可以丰富画面的视觉效果，增强观众的观看体验。

（6）重视剪辑的节奏感。

剪辑的节奏感是根据视频内容与背景音乐的节奏来调整画面剪辑点。通过精心选择剪辑点，使画面与音乐节拍相契合，可以营造出和谐的视听氛围，增强视频的整体节奏感。

总之，提升视频节奏感的短视频剪辑技巧包括合理运用剪辑过渡效果、掌握快速剪辑技巧、音乐与视频的完美结合、创造鲜明的对比效果、灵活运用拍摄角度和镜头变化以及重视剪辑的节奏感。通过学习和实践这些技巧，可以更好地掌控视频的节奏感，吸引观众的注意力，并传达出更丰富、生动的信息。在这个信息爆炸的时代，掌握好短视频剪辑技巧将使短视频作品在众多竞争者中脱颖而出。

项目五　宣传类短视频制作——明水古城·古今交融

5.1　项目导入

5.1.1　项目背景

百脉泉群、青砖黛瓦、山泉河湖、扁舟一片、布坊冶坊、大院城门，在千呼万盼中，明水古城揭开了神秘面纱。

天下泉城新地标——明水古城，开城纳客。

明水古城的文旅资源较有特色。明水文旅资源特别，一是泉。章丘有"小泉城"的美誉，古城景区包含百脉泉泉系，梅花泉如河奔涌，墨泉奋涌若轮。各个古城都有小桥流水，这里的流水是活泼的泉水，这就是与众不同之处。二是章丘是"天下第一才女"李清照、中华老字号瑞蚨祥创始人孟传珊的故乡，这也是独特的文化资源。

5.1.2　学习目标

素养目标

1. 培养注重细节、团结协作的职业意识；
2. 培养热爱设计岗位、执着专注的职业精神；
3. 培养踏实肯干、精益求精、追求卓越的工匠精神；
4. 增强文化自信，形成崇尚学习的职业风尚。

知识目标

1. 了解常用短视频发布平台；
2. 熟悉文案构成；
3. 掌握景别常识；
4. 掌握文案策划方法。

能力目标

1. 能够撰写短视频文案；
2. 能够完成短视频策划；
3. 能够使用剪映和 Premiere 软件完成短视频的制作；
4. 能够利用平台发布短视频。

5.1.3 项目任务单

明水古城开业于2023年10月，为做好古城文化宣传，发扬旅游特色，发展明水旅游，需策划制作《明水古城·古今交融》宣传类短视频，宣传古城文化及魅力，吸引众多游客游览。《明水古城·古今交融》宣传类短视频任务单如表 3-5-1 所示。

表 3-5-1 《明水古城·古今交融》宣传类短视频任务单

项目：《明水古城·古今交融》公益短视频	
背景意义	天下泉城新地标——明水古城，开城纳客。百脉泉群、青砖黛瓦、山泉河湖、扁舟一片，布坊冶坊、大院城门，在千呼万盼中，明水古城揭开了神秘面纱。 　　明水古城的文旅资源较有特色。明水文旅资源特别，一是泉。章丘有"小泉城"的美誉，古城景区包含百脉泉泉系，梅花泉如河奔涌，墨泉奋涌若轮。各个古城都有小桥流水，这里的流水是活泼的泉水，这就是与众不同之处。二是章丘是"天下第一才女"李清照、中华老字号瑞蚨祥创始人孟传珊的故乡，这也是独特的文化资源
短视频文案	走进古城第一视觉感受是古韵悠悠 仿佛入了江南水乡 虽然有人抱怨这里的建筑都是新的 但它似乎又不是简单的仿古堆叠 看着像千篇一律 但是处处都写着济南章丘的名字 能与趵突泉齐名的百脉泉就在里面 还有七十二名泉之一的梅花泉墨泉 就这喷涌气势 容易让人怀疑下面有水泵 但说句公道话他们都是真真实实的泉 所以我大概能想通 这里的护城河水为什么能如此美丽 像翡翠一样冰清玉润 除此之外呢 古城的宁静和诗意 有一半得归功于李清照 来了之后你会发现 这位千古才女就出生在章丘明水 于是咱也乘坐着摇橹船 想象着照姐笔下的 常记溪亭日暮 沉醉不知归路 兴尽晚回舟 误入藕花深处 不知是不是节后来的原因 有些演出很可惜没有看到 但是赶上了杂技

续表

项目：《明水古城·古今交融》公益短视频		
短视频文案	表演和孟家戏楼的曲艺专场 提到孟家 不得不提 新中国第一面五星红旗 所用的面料就出自他们家的瑞蚨祥 是一个距今160年的中华老字号 就像网友说的那样 章丘明水古城是新建的 但是章丘铁匠文化、孟洛川大商等 都是历史的真实存在 人舟流转 村舍俨然 稻荷飘香 古今交融 一半人间烟火，一半诗画梦境 砖楼青瓦古街石巷，巍峨城墙古城旧貌在此呈现 古城与泉水景观相映相辉，宛如醉人的山水画廊 驻足于城墙与城楼上的壮阔辉煌 漫步于小桥与流水间的惬意悠闲 在这个如诗如画的美丽秋天 我们如约而至 畅游古城	
应用场景	一、主要平台：抖音、微信视频号 抖音平台多元化，日活跃量高，用户地域范围及年龄层次覆盖广泛，能够更好地向各类用户展示明水古城，宣传所覆盖的对象更广。 二、辅助平台：快手、小红书（知乎） 多平台转发视频，共同传播，有不同人群和活跃的社区，更全面覆盖不同平台的用户	
素材基础	公司已经撰写了短片文稿，提供了部分图片和视频资料	

5.2 项目实施

5.2.1 项目策划

《明水古城·古今交融》项目策划如表3-5-2所示。

表3-5-2 《明水古城·古今交融》项目策划

短视频主题	明水古城·古今交融
策划背景	明水古城的文旅资源较有特色。明水文旅资源特别，一是泉。章丘有"小泉城"的美誉，古城景区包含百脉泉泉系，梅花泉如河奔涌，墨泉奋涌若轮。各个古城都有小桥流水，这里的流水是活泼的泉水，这就是与众不同之处。二是章丘是"天下第一才女"李清照、中华老字号瑞蚨祥创始人孟传珊的故乡，这也是独特的文化资源

续表

受众人群	旅游爱好者，历史爱好者						
分镜脚本	序号	场景内容	运镜	景别	解说词	背景音乐	匹配画面及时长
	1	古城全貌	移	全景	无	片头音乐	10秒
	2	上城楼	跟拍	近景	走进古城第一视觉感受是古韵悠悠	主片解说词	3秒
	3	古城细节	摇	中景	走进古城……江南水乡	主片解说词	3秒
	4	河道	固定机位	远景	看着像千篇一律……章丘的名字	主片解说词	3秒
	5	抚摸古诗布条	拉	近景	所用的面料就出自他们家的瑞蚨祥	主片解说词	5秒
	6	布坊	升镜头	近景	孟洛川大商等	主片解说词	2秒
	7	粮食架子	特写	近景	稻荷飘香古今交融	主片解说词	2秒
	8	开窗	推	近景	一半人间烟火一半诗画梦境	主片解说词	5秒

续表

营销计划	一、推广策略 线上推广：通过社交媒体、视频网站、短视频平台等多渠道进行推广，吸引目标受众观看和分享。 线下推广：与古城景区等合作，将视频内容融入相关活动和宣传中，扩大影响力。 二、评估与反馈 1. 数据分析：定期分析短视频的播放量、点赞量、评论量等数据，评估营销效果。 2. 受众反馈：通过调查问卷、在线访谈等方式收集受众反馈，了解他们对古城的认知需求。 3. 内容优化：根据数据分析和受众反馈，对短视频内容进行优化和调整，提高完播率和传播效果

5.2.2 制作分析

《明水古城·古今交融》制作分析如表 3-5-3 所示。

表 3-5-3 《明水古城·古今交融》制作分析

任务名称	任务内容
任务 1 制作片头	导入片头素材 添加效果包装视频 导出视频
任务 2 制作主片	根据解说词录制音频 导入主片素材 制作字幕 依据解说词选择合适的视频素材，并进行裁剪及拼接 使用效果控件实现转场 添加背景音乐
任务 3 制作片尾	组合素材，制作片尾效果，导出片尾视频
任务 4 输出与发布	选择平台，发布短视频

5.2.3 具体实施

《明水古城·古今交融》短视频样片效果如图 3-5-1~图 3-5-3 所示。

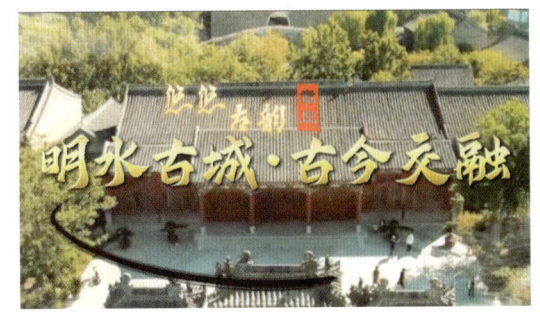

图 3-5-1 《明水古城·古今交融》短视频片头

图 3-5-2 《明水古城·古今交融》短视频主片

图 3-5-3 《明水古城·古今交融》短视频片尾

扫码看样片　　扫码看微课

任务1　制作片头

Step01　创建文件夹，整理素材。在"我的电脑"D盘创建"古城"文件夹，双击打开该文件夹，创建"片头""主片""片尾"文件夹，在三个文件夹内创建"视频素材""音频素材"，将片头、主片、片尾的素材分别复制到对应的文件夹内。

Step02　启动并登录剪映专业版。双击桌面"剪映专业版"快捷图标，启动剪映，单击左上角"登录"按钮，使用手机版抖音扫描二维码，登录剪映。

Step03　新建剪映工程文件。单击界面上方"开始创作"按钮，新建工程，进入创作界面，如图 3-5-4 所示。

图 3-5-4　新建剪映工程文件

Step04　导入片头素材。单击"媒体"面板的导入按钮，弹出"请选择媒体资源"对话框，选择片头视频、音频素材，单击"打开"按钮，导入素材，如图 3-5-5 所示。

图 3-5-5　剪映导入素材

Step05　制作片头视频。

（1）设置"背景.mp4"素材效果。单击"背景.mp4"素材右下角"添加到轨道"按钮，将素材添加到轨道。在轨道上单击选中素材，打开特效面板，搜索"泡泡变焦"效果，将效果拖动到"背景.mp4"视频轨道上，按住鼠标左键拖动效果，设置持续时间为3秒17帧。

（2）设置"水墨晕开.mp4"素材效果。按住鼠标左键拖动"水墨晕开.mp4"素材到"背景.mp4"轨道上方，在右侧"画面→基础"面板中勾选"混合"属性，选择混合模式为"滤色"。"画面→基础"面板"混合"属性设置如图3-5-6所示。

图 3-5-6　"画面→基础"面板"混合"属性设置

(3)设置"墨线条.mp4"素材效果。将时间指示滑块拖动到 3 秒 20 帧,按住鼠标左键拖动"墨线条.mp4"素材到"水墨晕开.mp4"轨道上方,选择混合模式为"正片叠底"。

(4)设置"擦除素材.mp4"素材效果。将时间指示滑块拖动到 1 秒 12 帧,按住鼠标左键拖动"擦除素材.mp4"素材到"墨线条.mp4"轨道上方,选择混合模式为"滤色"。

(5)设置"印章.mov"素材效果。将时间指示滑块拖动到 3 秒 04 帧,按住鼠标左键拖动"印章.mov"素材到"擦除素材..mp4"轨道上方。

(6)设置音频素材效果。将时间指示滑块拖动到 0 秒 0 帧,按住鼠标左键将"江南古风音乐.mp3"素材拖入音频轨道。将时间指示滑块拖动到 1 秒 05 帧,拖动"音乐特效声.mp3"素材到"江南古风音乐.mp3"素材下方。

(7)制作"悠悠古韵"文字效果。将时间指示滑块拖动到 1 秒 27 帧,在左侧文本面板中选择"默认文本",单击右下角"添加到轨道"按钮(　），在右侧"文本→基础"面板中输入文字"悠悠古韵",选择字体"汉仪行之体简",字号 15,行间距 –9,如图 3-5-7 所示。在右侧"文本→花字"面板中选择第 8 行第 5 个效果,如图 3-5-8 所示。在右侧"动画→入场"面板中选择"羽化向右擦开"效果,如图 3-5-9 所示。"悠悠古韵"文字效果如图 3-5-10 所示。

图 3-5-7　"文本→基础"面板文字设置　　　　图 3-5-8　"文本→花字"面板

图 3-5-9 "动画→入场"面板

图 3-5-10 "悠悠古韵"文字效果

（8）制作"明水古城·古今交融"文字效果。将时间指示滑块拖动到 1 秒 27 帧，在左侧"文本"面板中选择"默认文本"，单击右下角"添加到轨道"按钮，在右侧"文本→基础"面板中输入文字"明水古城·古今交融"，选择字体"汉仪孙尚香简"，字号 21，缩放设置为 102%。在右侧"文本→花字"面板中选择第 7 行第 1 个效果。在右侧"动画→入场"面板中选择"溶解"效果。"明水古城·古今交融"文字效果如图 3-5-11 所示。

（9）制作文字擦除效果。单击鼠标左键框选两个文字轨道，拖动到"擦除素材.mp4"轨道下方，效果如图 3-5-12 所示。

图 3-5-11 "明水古城·古今交融"文字效果　　　图 3-5-12 文字擦除效果

（10）导出片头视频。单击剪映界面右上角"导出"按钮，弹出"导出"对话框，输

入标题为"片头",设置输出文件夹,单击"导出"按钮,导出片头视频。"导出"对话框如图 3-5-13 所示。

图 3-5-13 "导出"对话框

任务2 制作主片

Step01 录制解说词音频。使用手机、麦克风等设备录制解说词音频,录制时注意保持环境安静无杂音。

Step02 创建项目和序列。在"Premiere pro 2022"中创建项目"明水古城"。在项目面板空白处单击鼠标右键,在快捷菜单中选择"新建项目→序列",创建序列 01,在设置选项卡中设置编辑模式为"自定义",时基"30 帧/秒",帧大小为水平 1920、垂直 1080,像素长宽比为"方形像素",场设置为"无场(逐行扫描)",显示格式"30fps",单击"确定"按钮,完成序列 01 创建。序列创建参数设置如图 3-5-14 所示。

Step03 导入素材。在"项目"面板空白处单击鼠标右键,在快捷菜单中选择"导入",

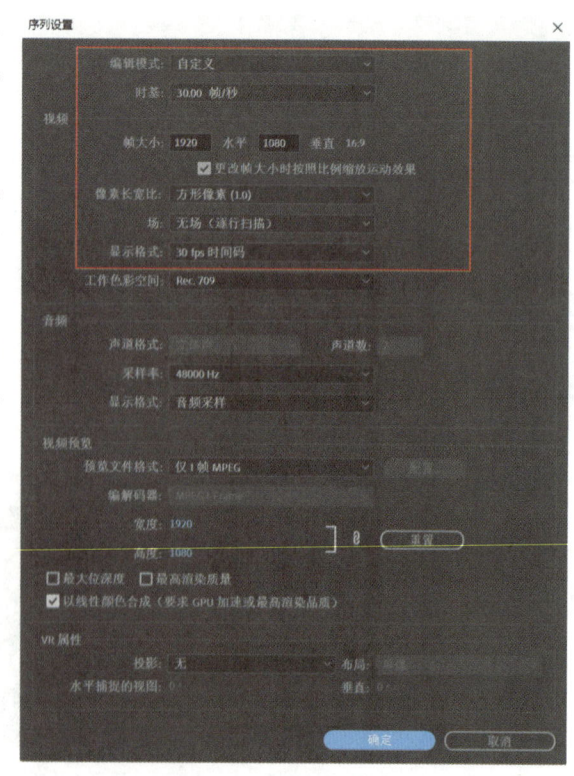

图 3-5-14 序列创建参数设置

弹出导入窗口，选择"航拍夜景""视频素材""音频""字幕"文件夹，单击窗口下方的"导入文件夹"按钮，导入素材文件夹。"导入"窗口如图 3-5-15 所示。

图 3-5-15 "导入"窗口

Step04 处理音频。双击"项目"面板的"音频"素材库，将"解说词"音频左键拖入时间轴面板"A1"音频轨道。在"效果"面板中，搜索"降噪"效果，按住鼠标左键将"降噪"效果拖到"A1"音频轨道"解说词"素材上，为音频添加"降噪"效果。"效果"面板如图 3-5-16 所示。继续依次搜索"人声增强""减少混响""高音"效果，并拖入"A1"音频轨道"解说词"素材上，为素材添加效果。在"效果控件"面板会显示添加的效果，"效果控件"面板如图 3-5-17 所示。

图 3-5-16 "效果"面板

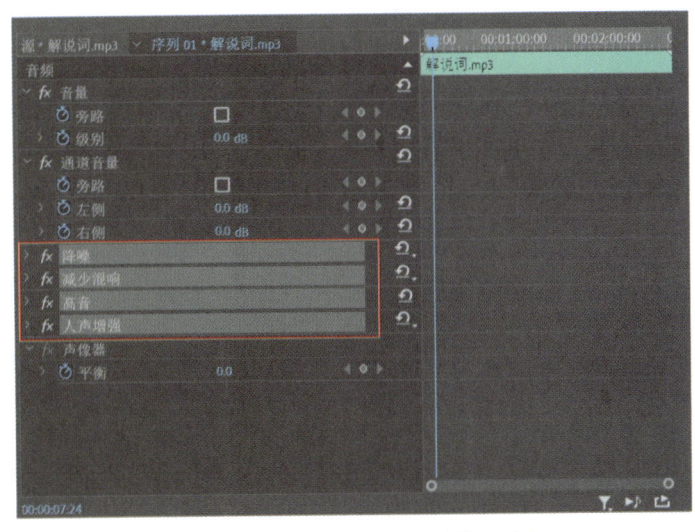

图 3-5-17 "效果控件"面板

Step05 制作字幕。

（1）双击打开"字幕"素材库。执行菜单"文件→新建→旧版标题"，弹出"新建字幕"对话框，单击"确定"按钮，打开"字幕"窗口。

（2）打开"我的电脑"窗口，在主片素材文件夹中打开"文稿.docx"，打开解说词。按快捷键"Ctrl+C"复制文字"走进古城第一视觉感受是古韵悠悠"文字，回到Premiere"字幕"窗口，单击左上角"文字"工具，在安全边框线内单击，按快捷键"Ctrl+V"粘贴文字，按快捷键"Ctrl+A"全选文字，在字幕窗口右侧属性选项设置字体为"黑体"，字体大小为45，单击字幕窗口左侧中心对齐"参考对于画布：上下居中（ ）、左右居中（ ）"两个按钮，使字幕位于画布的中心位置。在字幕窗口右侧设置变换属性 Y 轴位置 1006，描边属性外描边"添加"，勾选"阴影"属性，设置不透明度为40%，角度 -230°，距离 8，大小 0，扩展 30。字幕窗口旧版标题属性面板如图 3-5-18 所示。对齐面板如图 3-5-19 所示。

图 3-5-18　字幕窗口旧版标题属性面板　　　图 3-5-19　对齐面板

（3）单击字幕左上角"基于当前字幕新建字幕"按钮，弹出"新建字幕"对话框，单击"确定"按钮，打开字幕面板。返回"文稿.docx"，复制"仿佛入了江南水乡"，单击左上角"文字"工具，按快捷键"Ctrl+A"全选文字，按快捷键"Ctrl+V"粘贴文字，完成"仿佛入了江南水乡"字幕制作。

（4）按照（3）的操作方法完成其他字幕制作。

Step06 音频与字幕同步。

（1）按空格键播放音频，同时观察音频波形，在音频第一句起始处，按空格键暂停，将"字幕01"拖入"V1"视频轨道，按空格键继续播放，在第一句解说词结束处按空格键暂停播放，定位字幕结束位置，鼠标指向字幕结束处，当鼠标变成红色右框箭头时，按住鼠标左键拖动字幕到时间线处，完成第一句音频与字幕同步。

（2）应用（1）的操作方法，实现其他音频与字幕的同步。在制作音频与字幕同步的过程中，可以随时调节时间轴面板底部的滑块及两侧圆心点，实现时间轴轨道的放大、缩小和调整位置，便于观察和调整操作。

（3）完成音频与字幕同步后，选中"A1"轨道音频素材，按"Delete"键删除音频素材。按住鼠标左键向左拖动时间轴底部滑块右侧的圆心点，缩小轨道显示比例，在视频轨道上按住鼠标框选所有字幕素材并单击鼠标右键，在快捷菜单中选择"嵌套"，弹出"嵌套序列名称"对话框，单击"确定"按钮，生成音视频的序列嵌套。

Step07 拼接画面，音视频同步。

（1）在时间轴面板时间码框输入"00：00：04：22"，将字幕嵌套序列拖入"V2"视频轨道，将解说词音频拖入"A2"音频轨道。单击"A1"音频轨道前的"静音轨道"按钮（ M ），将"A1"音频轨道静音。

（2）打开项目面板"视频素材库"，双击素材"1.4.mp4"，将其显示在源面板，在1秒15帧处标记入点，在6秒18帧处标记出点，按住鼠标左键，将裁剪好的视频从源面板拖入"V1"视频轨道。用鼠标右键单击"V1"轨道"1.4.mp4"，在快捷菜单中选择"速度/持续时间"，弹出"剪辑速度/持续时间"对话框，设置速度为65，单击"确定"按钮，完成视频素材"1.4.mp4"的裁剪与变速。时间轴素材排列如图3-5-20所示。

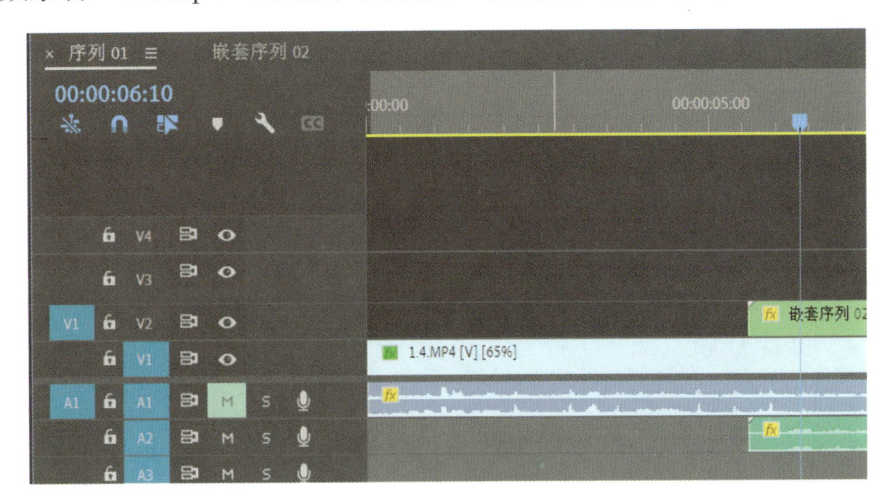

图 3-5-20　时间轴素材排列

（3）在视频素材库，双击"2.2.mp4"，将其显示在源面板，在2秒05帧处标记入点，在4秒25帧处标记出点，按住鼠标左键将裁剪好的视频从源面板拖入"V1"视频轨道

"1.4.mp4"之后，与前面的视频拼接。用鼠标右键单击"V1"轨道"2.2.mp4"，在快捷菜单中选择"速度/持续时间"，弹出"剪辑速度/持续时间"对话框，设置速度为70，单击"确定"按钮，完成视频素材"2.2.mp4"的裁剪与变速。在效果面板搜索"交叉溶解"效果，将其拖入视频素材"1.4.mp4"与"2.2.mp4"中间（ 1.4.MP4 [V] [65%] 交叉溶 2.2.MP4 [V] [70%] ），实现视频转场过渡。单击视频轨道上的"交叉溶解"效果，在"效果控件"面板中，设置交叉溶解的持续时间为4帧。"效果控件"面板设置如图3-5-21所示。

图 3-5-21 "效果控件"面板设置

（4）依据（2）和（3）的操作，完成其他视频素材的裁剪、变速以及设置转场效果（不同的持续时间根据气口的长短调整设置），实现音画同步。其他视频素材的裁剪、变速及转场设置如表3-5-4所示。

表 3-5-4 其他视频素材的裁剪、变速及转场设置

视频素材名称	标记入点	标记出点	变速设置	转场效果
1.4	1秒15帧	4秒45帧	43.33	无
2.2	2秒05帧	4秒25帧	70	与1.4中间交叉溶解（持续4帧，对齐"中心切入"）
古城楼2	2秒13帧	4秒16帧	60	与2.2中间交叉溶解（持续5帧，对齐"中心切入"）
屋顶2	1秒16帧	3秒27帧	55.83	与古城楼2中间交叉溶解（持续7帧，对齐"中心切入"）
水景	0秒0帧	3秒17帧	无	与屋顶2中间交叉溶解（持续5帧，对齐"起点切入"）
街牌	9秒17帧	11秒19帧	无	与水景中间交叉溶解（持续3帧，对齐"中心切入"）
泉	0秒0帧	5秒08帧	80	与街牌中间交叉溶解（持续4帧，对齐"起点切入"）
墨泉	11秒22帧	14秒14帧	80	与泉中间交叉溶解（持续9帧，对齐"中心切入"）
水流	0秒26帧	4秒23帧	无	与墨泉中间交叉溶解（持续8帧，对齐"起点切入"）

综合模块 | 179

续表

视频素材名称	标记入点	标记出点	变速设置	转场效果
清泉洗心	3秒06帧	7秒22帧	无	无
护城河1	0秒0帧	4秒15帧	无	与清泉洗心中间交叉溶解（持续7帧，对齐"起点切入"）
泉水特写	2分31秒25帧	2分34秒17帧	57	无
阁	3秒27帧	6秒20帧	70	无
李清照门5	19秒17帧	21秒23帧	70	与阁中间交叉溶解（持续5帧，对齐"终点切入"）
李清照门1	6秒41帧	8秒34帧	60	与李清照门5中间交叉溶解（持续3帧，对齐"中心切入"）
看字1	5秒10帧	8秒21帧	无	与李清照门1中间交叉溶解（持续5帧，对齐"中心切入"）
船近洞	15秒23帧	21秒11帧	无	与看字1中间交叉溶解（持续3帧，对齐"中心切入"）
船	3秒11帧	7秒10帧	无	与船近洞中间交叉溶解（持续3帧，对齐"中心切入"）
楼景3	0秒0帧	2秒29帧	无	与船中间交叉溶解（持续7帧，对齐"起点切入"）
航拍3	47秒02帧	48秒28帧	50	与楼景3中间交叉溶解（持续3帧，对齐"中心切入"）
DJI-0102	1秒19帧	5秒08帧	无	与航拍3中间交叉溶解（持续7帧，对齐"中心切入"）
看孩子画画2	0秒0帧	4秒09帧	69.68	与DJI-0102交叉溶解（持续7帧，对齐"起点切入"）
看表演	1秒15帧	4秒23帧	无	与看孩子画画2中间交叉溶解（持续7帧，对齐"中心切入"）
戏曲	0秒0帧	2秒28帧	无	与看表演中间交叉溶解（持续5帧，对齐"起点切入"
大宅2	1秒23帧	5秒08帧	80	与戏曲中间交叉溶解（持续5帧，对齐"中心切入"）
梭子	1分24秒24帧	1分25秒38帧	60	与大宅2中间交叉溶解（持续5帧，对齐"中心切入"）
布坊1	1秒28帧	5秒23帧	无	与梭子中间交叉溶解（持续5帧，对齐"中心切入"）
瑞蚨祥1	0秒0帧	3秒42帧	94.26	与布坊1中间交叉溶解（持续5帧，对齐"起点切入"）
瑞蚨祥门	0秒0帧	2秒38帧	无	与瑞蚨祥1中间交叉溶解（持续5帧，对齐"起点切入"）

续表

视频素材名称	标记入点	标记出点	变速设置	转场效果
阁楼侧	0秒0帧	3秒01帧	无	与瑞蚨祥门中间交叉溶解（持续4帧，对齐"起点切入"）
铁匠	0秒0帧	2秒16帧	无	与阁楼侧中间交叉溶解（持续4帧，对齐"起点切入"）
瑞蚨祥特写	12秒25帧	15秒11帧	49.06	与铁匠中间交叉溶解（持续5帧，对齐"中心切入"）
人开窗	1秒15帧	3秒21帧	无	与瑞蚨祥特写中间交叉溶解（持续9帧，对齐"中心切入"）
DJI-0678	2秒0帧	3秒23帧	70	与人开窗中间交叉溶解（持续5帧，对齐"中心切入"）
稻1	12秒25帧	13秒22帧	40	与DJI-0678中间交叉溶解（持续5帧，对齐"中心切入"）
街	17秒09帧	19秒03帧	无	与稻1中间交叉溶解（持续5帧，对齐"中心切入"）
开门	53秒08帧	57秒07帧	80	与街中间交叉溶解（持续5帧，对齐"中心切入"）
巷子	0秒0帧	3秒01帧	无	与开门中间交叉溶解（持续4帧，对齐"起点切入"）
DJI-0682	19秒08帧	24秒15帧	无	与巷子中间交叉溶解（持续5帧，对齐"中心切入"）
DJI-0678	0秒0帧	3秒14帧	无	与DJI-0682中间交叉溶解（持续7帧，对齐"起点切入"）
DJI-0702	6秒20帧	9秒11帧	90	与DJI-0678中间交叉溶解（持续25帧，对齐"起点切入"）
DJI-0262	9秒27帧	14秒11帧	无	与DJI-0702中间交叉溶解（持续7帧，对齐"中心切入"）
流水1	0秒0帧	4秒22帧	无	与DJI-0262中间交叉溶解（持续6帧，对齐"起点切入"）
玩水	2秒14帧	6秒05帧	无	与流水1中间交叉溶解（持续5帧，对齐"中心切入"）
DJI-0354	0秒0帧	6秒02帧	95.31	与玩水中间交叉溶解（持续5帧，对齐"起点切入"）

Step08 视频导出。使用快捷键"Ctrl+M"，弹出"导出设置"对话框，格式设置为"H.264"，单击"输出名称"按钮，弹出"另存为"对话框，选择保存的位置，文件名输入主片，单击"保存"按钮。时间插值选择"帧混合"，单击"导出"按钮，导出主片。

任务3　制作片尾

Step01　启动并登录剪映专业版。双击桌面"剪映专业版"快捷图标，启动剪映，单击左上角"登录"按钮，使用手机版抖音扫描二维码，登录剪映。

Step02　新建剪映工程文件。单击界面上方"开始创作"按钮，新建工程，进入创作界面。

Step03　导入片尾素材。单击"媒体"面板的导入按钮，弹出"请选择媒体资源"对话框，选择片尾视频、音频素材，单击"打开"按钮，导入素材。

Step04　制作片尾视频。

（1）设置"1.jpg"素材效果。单击"1.jpg"素材右下角"添加到轨道"按钮，将素材添加到轨道。在轨道上单击选中素材，打开特效面板，搜索"玫瑰花瓣"效果，将效果拖动到"1.jpg"视频轨道上，在"画面→基础"面板设置缩放为119%。

（2）设置"2.jpg"素材效果。按住鼠标左键将"2.jpg"素材拖动到"1.jpg"轨道该素材的后方，与素材"1.jpg"拼接。在特效面板搜索"花瓣飞扬"效果，拖动到"2.jpg"素材上，在"画面→基础"面板设置缩放为121%。

（3）设置"3.jpg"素材效果。按住鼠标左键将"3.jpg"素材拖动到"2.jpg"轨道该素材的后方，与素材"2.jpg"拼接。在特效面板搜索"花瓣飞扬"效果，拖动到"3.jpg"素材上，在"画面→基础"面板设置缩放为134%。

（4）设置"水墨展开.mp4"素材效果。按住鼠标左键将"水墨展开.mp4"素材拖到到图片素材轨道上方，选择混合模式为"滤色"。片尾图片、视频效果如图3-5-22所示。

图3-5-22　片尾图片、视频效果

（5）制作片尾文字效果。将时间指示滑块拖动到0秒0帧，在左侧"文本"面板中选择"默认文本"，单击右下角"添加到轨道"按钮，在右侧"文本→基础"面板中输入文字"古城阴处饶古木 古城城下烟水绿"，选择字体"汉仪行之体简"，字号6，缩放设置为150%，位置设置为X轴985，Y轴380，预设样式中选择第3行第4个效果。在右侧"动画→入场"面板中选择"生长"效果，动画时长4.6秒，在"动画→出场"面板中选择"溶解"效果，动画时长0.5秒。使用上面的方法在5秒4帧到12秒处制作"登古城兮思古人 感贤达兮同埃尘"文字效果，在12秒到视频结尾处制作"欢迎章丘古城游 城韵泉韵映眼眸"文字效果。

（6）制作片尾"明水古城"文字效果。将时间指示滑块拖动到 0 秒 7 帧，输入文本"明水古城"。选择字体"汉仪行之体简"，字号 31，样式选择"下划线"，颜色为 FFC190，字间距为 –3，行间距为 –2，缩放为 55%，位置设置为 X 轴 1209、Y 轴 829，阴影不透明度为 71%，模糊度为 41%，距离为 5，角度为 –43°。入场动画设置为"左移弹动"，时长 1.5 秒，出场动画设置为"渐隐"，时长为 0.4 秒。将文本轨道时长拖动到视频结尾处。"明水古城"文字效果如图 3-5-23 所示。

图 3-5-23　"明水古城"文字效果

（7）设置片尾音频素材效果。将时间指示滑块拖动到 0 秒 0 帧，按住鼠标左键将"片尾音乐 .mp3"素材拖入音频轨道。

（8）导出片尾视频。单击剪映界面右上角"导出"按钮，弹出"导出"对话框，输入标题为"片尾"，设置输出文件夹，单击"导出"按钮，导出片尾视频。

任务4　输出与发布

短视频在制作完成之后，就要进行发布。在发布阶段，创作者要做的工作主要包括选择合适的发布渠道、各渠道短视频数据监控和渠道发布优化。只有做好这些工作，短视频才能够在最短的时间内打入新媒体营销市场，迅速地吸引用户，进而提升知名度。

发布建议：对于本项目而言，所制作的短视频应选择以横屏短视频为主的平台进行发布；发布时间尽量选择早上 7：00—8：00、中午 12：00—13：00、晚上 18：00—20：00 之间，即用户碎片时间较多的时间段；发布的文案及标签体现"明水""章丘""古城"等关键词；制作创意精美的短视频封面进行发布，也可以定位发布地点。

5.3　项目评价

分类	指标说明	完成情况
片头制作	准确创建片头工程	☆☆☆☆☆
	能将素材导入剪映	☆☆☆☆☆
	会正确设置混合模式	☆☆☆☆☆
	能制作出场、入场动画	☆☆☆☆☆
	能正确导出视频	☆☆☆☆☆
主片制作	能在 Premiere 中导入各种素材、管理素材	☆☆☆☆☆
	能运用 Premiere 精确裁剪、对接素材，无跳帧与黑场	☆☆☆☆☆
	能实现音画同步，节奏感好	☆☆☆☆☆
	能给视频添加转场过渡	☆☆☆☆☆
	能在 Premiere 中导出视频	☆☆☆☆☆

续表

分类	指标说明	完成情况
片尾制作	能设置文字参数	☆☆☆☆☆
	能合理应用特效	☆☆☆☆☆
	能合理进行文字排版	☆☆☆☆☆
	能正确导出片尾视频	☆☆☆☆☆
输出与发布	能合并片头、主片和片尾，并导出视频	☆☆☆☆☆

5.4 项目总结

5.4.1 思维导图

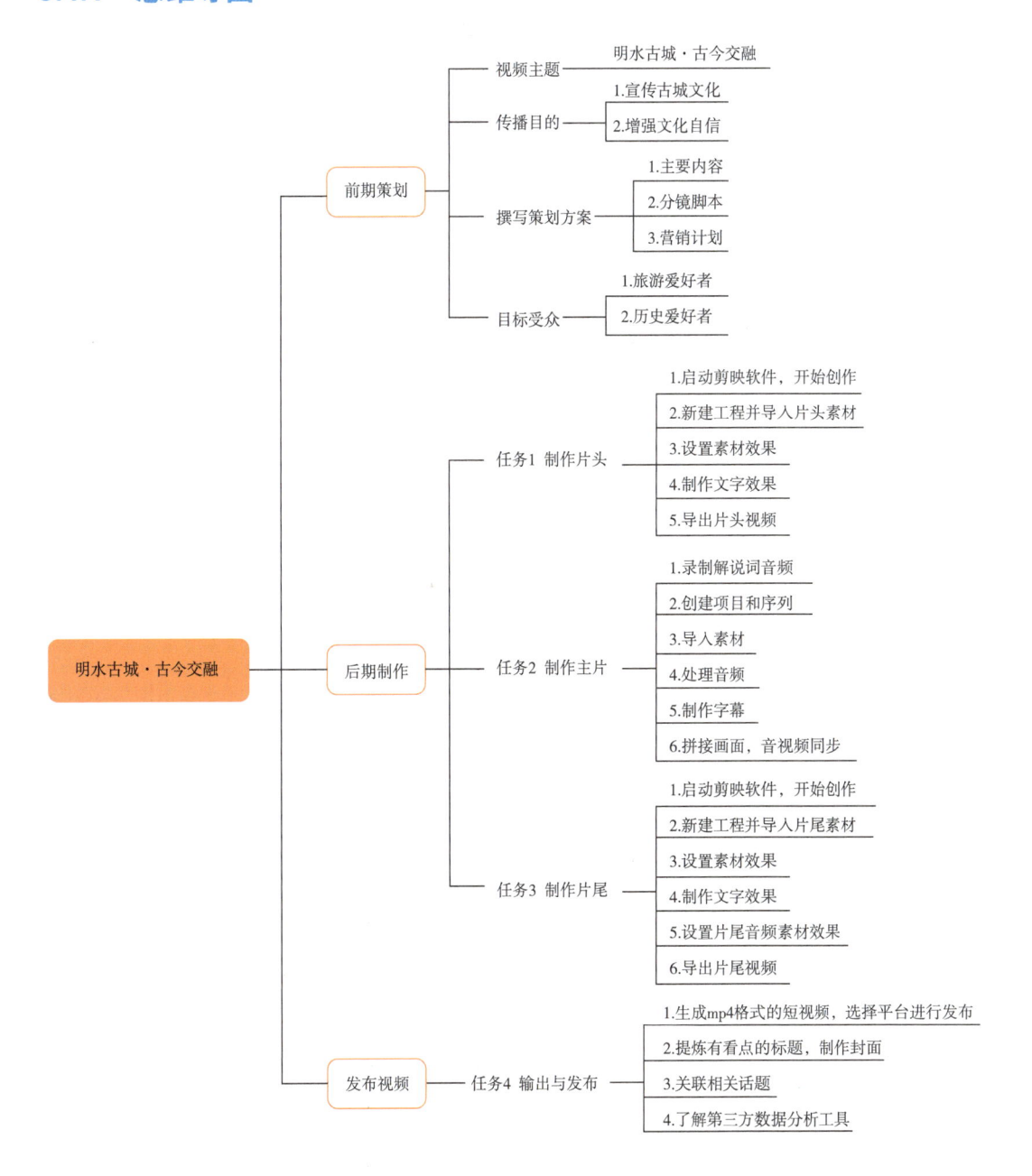

明水古城·古今交融
- 前期策划
  - 视频主题：明水古城·古今交融
  - 传播目的
    - 1.宣传古城文化
    - 2.增强文化自信
  - 撰写策划方案
    - 1.主要内容
    - 2.分镜脚本
    - 3.营销计划
  - 目标受众
    - 1.旅游爱好者
    - 2.历史爱好者
- 后期制作
  - 任务1 制作片头
    - 1.启动剪映软件，开始创作
    - 2.新建工程并导入片头素材
    - 3.设置素材效果
    - 4.制作文字效果
    - 5.导出片头视频
  - 任务2 制作主片
    - 1.录制解说词音频
    - 2.创建项目和序列
    - 3.导入素材
    - 4.处理音频
    - 5.制作字幕
    - 6.拼接画面，音视频同步
  - 任务3 制作片尾
    - 1.启动剪映软件，开始创作
    - 2.新建工程并导入片尾素材
    - 3.设置素材效果
    - 4.制作文字效果
    - 5.设置片尾音频素材效果
    - 6.导出片尾视频
- 发布视频
  - 任务4 输出与发布
    - 1.生成mp4格式的短视频，选择平台进行发布
    - 2.提炼有看点的标题，制作封面
    - 3.关联相关话题
    - 4.了解第三方数据分析工具

5.4.2 举一反三

请参照"明水古城"短视频的策划与制作流程,以"最美泉城"为主题,策划短视频文案并制作短视频。参考样片效果如图 3-5-24~ 图 3-5-26 所示。

图 3-5-24 《最美泉城》片头效果

图 3-5-25 《最美泉城》主片效果

图 3-5-26 《最美泉城》片尾效果

5.5 关键技能

5.5.1 短视频景别分类

短视频制作的景别主要包括五种类型,由近至远分别是特写、近景、中景、全景和远景。

特写主要聚焦于拍摄对象的某一局部,如人的面部或物品的特定细节,用于强调和突出特定的信息或情感。

近景则主要展示人物胸部以上的部分或物体的较大局部,能够清晰地呈现人物的表情变化和面部细节,有助于观众更深入地理解人物的情感和性格。

中景主要拍摄人物膝盖或腰部以上的部分,既可以展现人物的动作和表情,又能够交代人物与环境的关系,是日常拍摄中较为常用的景别。

全景则拍摄人物的全身形象以及周围环境的全貌,有助于展现人物与环境的关系,塑造人物形象,并交代环境背景。

远景则是表现空间范围最大的一种景别,主要用于展示大的环境或场景,常用于视频的开头或结尾，帮助观众建立整体的环境概念，烘托氛围。景别分类如图3-5-27所示。

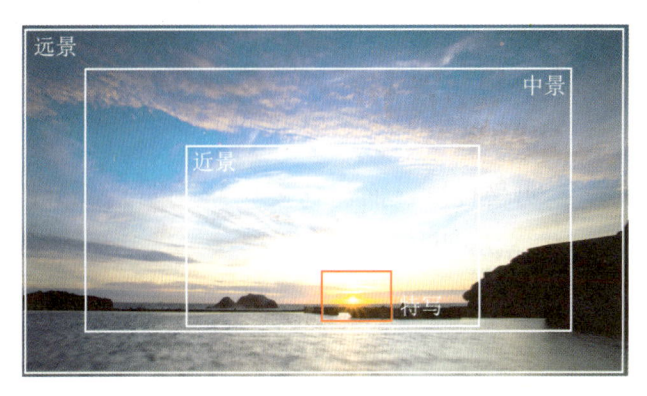

图 3-5-27　景别分类

不同的景别在短视频制作中具有不同的作用，可以根据实际需要选择合适的景别来拍摄，以呈现出最佳的视觉效果和故事表达。

5.5.2　短视频镜头衔接

短视频镜头衔接是影视制作中的关键环节，它决定了视频内容的连贯性和观众的观看体验。下面是一些关于短视频镜头衔接的技巧和注意事项：

首先，需要确认两个镜头的关联性。如果两个镜头是在同一场景或类似的场景中拍摄的，那么它们之间可以直接衔接，以保持故事的连贯性。如果场景发生了变化，那么就需要在两个镜头之间加入转场特效，以平滑地过渡到新的场景。

其次，要注意镜头的景别。不同景别之间的切换可以避免视频内容过于单调，同时也能够根据需要进行交叉呈现，如远景和特写的转换，以增加视频的视觉冲击力。在衔接时，可以选择跨一个镜头景别进行组接，例如中景切特写或全景切近景，以保持画面的连贯性。

此外，镜头的运动方式也是镜头衔接时需要考虑的因素。可以通过"推、拉、摇、移、升、降、跟、甩"等不同运动方式进行衔接。在移动过程中切换画面，避免在运动停止后再切换，以保持视频的流畅性。同时，适当加入起幅或落幅可以增加视频的动感。

除了以上技巧，还需要注意色调问题。色调的差异可以用来增强视频的对比效果，例如暖色调和冷色调的对比。在镜头混剪时，最好让镜头之间具有内在联系或相似镜头组接，以使视频呈现出更丰富的视觉效果。

总之，短视频镜头衔接需要综合考虑多个因素，包括镜头的关联性、景别、运动方式和色调等。通过巧妙的镜头衔接，可以打造出流畅、引人入胜的短视频作品。

5.5.3　短视频调色

调色在短视频制作中扮演着至关重要的角色。通过调整画面的色彩、亮度和对比度等参数，不仅能够增强视频的视觉吸引力，使其更加生动、有趣，还能营造出符合视频主题的氛围和情感，提升观众的观看体验。同时，调色还能统一视频的画面风格，确保整体视觉效果的一致性。此外，调色还能修复拍摄过程中可能出现的画面缺陷，提高视频质量。因此，对于短视频创作者来说，掌握调色技巧是提升视频质量的关键一环，也是展现个人创作风格和特点的重要手段。

1. 亮度与对比度调整

亮度决定了画面的整体明暗程度，而对比度则影响明暗部分的差异。适当调整这两者，可以使画面更加清晰、层次分明。

2. 饱和度调整

饱和度决定了画面中颜色的鲜艳程度。根据视频内容和风格，适当提高或降低饱和度可以强化或减弱色彩效果。通过提高或降低饱和度，可以强化或减弱视频中的色彩效果，使画面更加鲜艳或柔和。

3. 色调调整

色调调整可以为视频添加整体色彩偏向，如冷色调或暖色调，从而营造出不同的氛围和情感。

4. 色温调整

色温决定了画面的冷暖色彩。通过调整色温，可以改变画面的整体色调，使画面更加和谐统一。

5. 曲线调整

曲线调整是一种高级调色手法，通过调整画面的 RGB 曲线，可以精确控制画面的亮度、对比度和色彩平衡。

6.HSL 调整

HSL 分别代表色相（Hue）、饱和度（Saturation）和亮度（Lightness）。通过调整 HSL 工具，可以对视频中的特定颜色进行精确调整，而不影响其他颜色。

7.LUT 应用

LUT（Look-Up Table）是一种预设的调色模板，可以快速应用到视频上，实现特定的调色效果。通过使用不同的 LUT，可以轻松地为视频添加不同的风格和情感。

8. 局部调色

对于视频中的特定区域或对象，可以使用局部调色手法进行精确调整。例如，可以通过遮罩或选区工具选择特定区域，然后对该区域进行单独的调色处理。

9. 渐变与过渡

在调色过程中，可以运用渐变和过渡效果，使不同调色效果之间更加自然、流畅地衔接。

这些手法可以根据视频内容和风格进行灵活组合和调整，以达到最佳的调色效果。同时，调色也是一个需要不断实践和尝试的过程，通过不断积累经验，可以逐渐掌握更多高级的调色技巧。

项目六　公益推广类短视频制作——《光明的未来》MV

6.1　项目导入

6.1.1　项目背景

随着互联网技术的快速发展和电子产品的普及，国内居民的上网时间和电子设备使用时长迅速增长，这导致我国居民近视发病率不断提升，特别是青少年群体的近视问题愈发严重。为了全面贯彻党的教育方针，国家卫健委发布了《近视防治指南》，国家教育部、国家卫健委等八部门联合印发了《综合防控儿童青少年近视实施方案》，提出了具体的近视防控目标和措施，为近视防控项目的实施提供了有力的政策保障。通过近视防控项目的大力宣传，能够提高全民的近视防控意识，普及近视防控知识，改善用眼环境，降低近视发病率，从而保障儿童青少年的视力健康。

6.1.2　学习目标

素养目标

1.通过搜集制作"近视防控"相关素材，养成良好的用眼习惯，预防近视，增强爱眼护眼的意识；

2.具有协调音乐与画面的能力；

3.具有执行力和精益求精的工匠精神。

知识目标

1.了解行业高效整理素材的方法；

2.理解字幕各种设计样式的使用方法；

3.熟悉短视频剪辑的特效混合方法；

4.掌握视频节奏与画面氛围细节的调整原理。

能力目标

1.能完成各场景素材和各类辅助素材的精准划分；

2.能完成片头字幕歌词的设计与动画制作；

3.能制作符合行业要求的高质量成片。

6.1.3　项目任务单

某教育平台计划制作一部以"近视防控"为主题的 MV 公益片,希望让更多人了解近视的危害,爱惜自己的眼睛。下面是项目任务单:

《光明的未来》MV 公益短视频任务单如表 3-6-1 所示。

表 3-6-1　《光明的未来》MV 公益短视频任务单

项目:《光明的未来》MV 公益短视频	
背景意义	在当今自媒体时代,我们要充分利用各种传播媒体,开展多层次、多角度的宣传教育,全面普及儿童青少年近视防控和健康用眼知识,营造全社会关心、重视儿童青少年近视防控的良好氛围。使科学用眼知识进学校、进社区、进家庭,使儿童及家长不断增强健康用眼意识
短视频文案	歌词: 我有一双明亮的眼睛,看什么都鲜亮美丽 红花绿叶蝴蝶飞呀,月亮星星真神秘 我的眼睛她也会生病,也需要呵护关心 不爱活动过度用眼,世界模糊看不清 我要保护自己的眼睛,就像爱护自己的生命 拥有明亮清澈的双眼,世界才会更美丽 我要保护自己的眼睛,就像爱护自己的生命 拥有明亮清澈的双眼,世界才会更美丽 我的眼睛又变明亮了,看什么都鲜亮美丽 和星星月亮捉迷藏,和蝴蝶花儿做游戏 我是健康小达人,读写姿势要端正 少看手机和视频,一尺一拳和一寸 户外活动常锻炼,多吃蔬菜和水果 远眺青山和绿水,眼睛明亮就是我 我有一双明亮的眼睛,看什么都鲜亮美丽 红花绿叶蝴蝶飞呀,月亮星星真神秘 我的眼睛她也会生病,也需要呵护关心,不爱活动过度用眼 世界模糊看不清,我要保护自己的眼睛,就像爱护自己的生命 拥有明亮清澈的双眼,世界才会更美丽,我要保护自己的眼睛 就像爱护自己的生命,拥有明亮清澈的双眼,世界才会更美丽 我的眼睛又变明亮了,看什么都鲜亮美丽,和星星月亮捉迷藏 和蝴蝶花儿做游戏,用爱铸就完美现在,向着光明的未来
应用场景	1. 视频平台:在各大视频平台(如 B 站、抖音等)发布视频。 2. KOL 合作:寻找相关领域的 KOL 进行合作,扩大视频影响力。 3. 自媒体平台:在公众号、知乎等自媒体平台进行推广。 4. 社交媒体:利用微博、微信等社交媒体进行宣传
素材基础	提供了视频素材、背景音乐

6.2 项目实施

6.2.1 项目策划

《光明的未来》MV 项目策划如表 3-6-2 所示。

表 3-6-2 《光明的未来》MV 项目策划

短视频主题	光明的未来						
策划背景	近年来，青少年近视率持续攀升，已成为重大的公共卫生问题。保护视力、预防近视是每个人的基本健康需求。 通过制作 MV 公益短片，增强公众对近视问题的认识和重视程度。传播正确的用眼知识和近视防控方法，倡导健康的生活方式，促进全民眼健康						
受众人群	1. 青少年及其家长：青少年是近视问题的高发人群，通过观看 MV，可以帮助他们了解近视的危害、成因及防控方法，从而采取有效的措施保护视力。 2. 教育工作者：包括学校老师、教育机构工作人员等，他们在日常工作中密切关注学生的视力健康状况。这部短视频可以为他们提供实用的教学资源和指导建议，帮助他们更好地开展近视防控工作。 3. 眼科医生及健康专家：这部短视频也可以作为眼科医生及健康专家进行科普宣传和教育患者的有力工具。 4. 普通公众：近视问题已逐渐成为社会普遍关注的公共卫生问题。对于普通公众来说，了解近视防控知识有助于提高自身和家人的眼健康水平。这部短视频以 MV 的方式呈现，易于被普通公众接受和理解						
分镜脚本	序号	场景内容	运镜	景别	解说词	背景音乐	匹配画面及时长
	1	航拍城市空境	移	大全景	无	轻缓音乐	6 秒
	2	女孩奔跑	固定机位	全景	无	轻缓音乐	2 秒
	2	女孩捂眼睛	固定机位	特写	我有一双明亮的眼睛，看什么都鲜亮美丽	轻缓音乐	2 秒
	3	三名学生做实验	推	中景	红花绿叶蝴蝶飞呀，月亮星星真神秘	欢快音乐	3 秒
	4	学生上课	摇	全景	我的眼睛她也会生病，也需要呵护关心	欢快音乐	2 秒
	5	学生合唱	拉	大全景	向着光明的未来	激昂的音乐	4 秒

	续表
营销计划	一、推广策略 　　线上推广：通过社交媒体、视频网站、短视频平台等多渠道进行推广，吸引目标受众观看和分享。 　　线下推广：与学校、社区、医院等合作，将视频内容融入相关活动和宣传中，扩大影响力。 二、评估与反馈 　　1. 数据分析：定期分析短视频的播放量、点赞量、评论量等数据，评估营销效果。 　　2. 受众反馈：通过调查问卷、在线访谈等方式收集受众反馈，了解他们对近视防控的认知和需求。 　　3. 内容优化：根据数据分析和受众反馈，对短视频内容进行优化和调整，提高传播效果。 　　通过以上营销计划，希望能够让更多的人了解并关注近视防控，提高全民健康水平

6.2.2　制作分析

《光明的未来》MV 制作分析如表 3-6-3 所示。

表 3-6-3　《光明的未来》MV 制作分析

任务 1 整理素材	将拍摄素材进行拷贝，并分类命名整理到不同文件夹
任务 2 制作主片	1. 启动 Premiere 软件，新建 1920 像素 ×1080 像素大小的序列。 2. 根据歌词添加视频素材，并采用"剃刀"工具和"源监视器"面板裁剪自己需要的素材片段。 3. 统一取消视频音频链接
任务 3 添加音效	为了烘托气氛，为成片添加人声、水声等环境音效，并调整音量大小
任务 4 制作歌词	1. 利用字幕工具制作歌词。 2. 设置歌词字幕样式。 3. 为歌词添加"线性擦除"效果。 4. 为歌词添加光照效果并制作位移动画。 5. 复制替换歌词内容
任务 5 制作片头	1. 对片头分别设计"光明的未来"几个字的字体样式。 2. 将字幕进行嵌套序列。 3. 对字幕添加"高斯模糊"效果，并制作动画。 4. 对字幕添加两次"线性擦除"效果，制作字幕的入场动画。 5. 对字幕添加淡出效果
任务 6 推广与发布	生成 mp4 格式的短视频，选择平台进行发布

6.2.3 具体实施

扫码观看样片，样片参考截图如图3-6-1和图3-6-2所示。

图3-6-1　样片参考截图（一）

图3-6-2　样片参考截图（二）

扫码看样片

扫码看微课

任务1　整理素材

Step01　收集素材。首先，将摄影师拍摄的素材统一复制到电脑文件夹中，通过缩略图大概预览一下，确保这些素材都是用于剪辑的，并且是高质量、可用的，如图3-6-3所示。

图3-6-3　素材缩略图

Step02　命名和分类。给每个素材文件一个清晰、明确的名称，同时，按照不同的类别对素材进行分类，如儿童唱歌、大明湖空境、学生形式感镜头等。

Step03　创建文件夹结构。在Premiere的项目面板中，创建多个文件夹来存放不同类型的素材。例如，创建一个"视频"文件夹用于存放所有视频素材，一个"音频"文件夹用于存放音频素材，以及一个"图片"文件夹用于存放图片素材，如图3-6-4所示。

图3-6-4　在"项目"面板创建文件夹

Step04　导入素材。在 Premiere 中新建序列 1 和序列 2，将整理好的素材导入序列 1 的时间线上，进行粗剪，挑选想用的镜头放入序列 2 中。

Step05　标记和注释。对于特别重要的素材，可以添加标记或注释，还可以直接移动到上面一个轨道，以便在剪辑时能够快速识别，如图 3-6-5 所示。

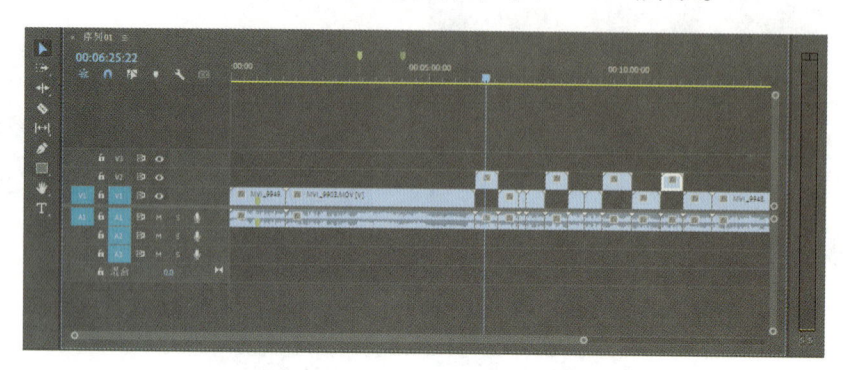

图 3-6-5　素材进行标记界面

提示：拷贝完素材可以将其备份，以防止数据丢失。素材导入 Premiere 工程后，素材命名和文件夹命名不要轻易修改，否则会导致工程文件丢失，需要一个一个链接媒体。

任务2　制作主片

Step01　启动软件。选择"开始→所有程序→ Adobe → Premiere Pro 2022"，启动 Premiere，弹出"开始"对话框，单击"新建项目"按钮，进入"新建项目"对话框。

Step02　新建项目。在"名称"文本框中输入"all"，单击"浏览"按钮，选择项目保存的位置，单击"确定"按钮，进入"Premiere Pro 2022"工作界面，如图 3-6-6 所示。

图 3-6-6　"Premiere Pro 2022"工作界面

Step03　新建序列导入素材。选择"文件→新建→序列"命令（或使用快捷键"Ctrl+N"），弹出"新建序列"对话框，序列名称为"光明的未来"，选择"AVCHD 1080p 方形像素"模式，如图 3-6-7 所示，单击"确定"按钮，选择"文件→导入"命令（或使用快捷键"Ctrl+I"），弹出如图 3-6-8 所示的"导入"对话框，选中本案例中所有素材，单击"打开"按钮，将所有素材导入"项目"面板，如图3-6-9所示。

图3-6-7　序列设置

图3-6-8　"导入"对话框

图3-6-9　"项目"对话框

Step04　导入背景音乐。在"项目"面板上选中"光明的未来master"背景音乐拖到音频"A1"轨道，根据音频仪表的参数，调整配音的音量，一般将音频音量调整到"-12~-6"，如图3-6-10所示。

图3-6-10　导入音乐"光明的未来"

Step05 导入视频素材。将时间指示器移动到"00:00:00:00"处,将素材"视频1城市空境"拖到视频"V1"轨道,将时间指示器移到"00:00:06:11"处,选择"剃刀"工具,裁剪视频,删除后半段,如图3-6-11所示。

图3-6-11 添加"视频1城市空境"素材

Step06 裁剪视频素材。将时间指示器移动到"00:00:06:08"处,将素材"视频2孩子奔跑"拖到时间线"V1"轨道上,双击视频,在"源监视器"面板,将时间指示器移动到"00:00:06:08"处,单击"标记入点",再将时间指示器移到"00:00:09:03"处,选择"标记出点",将裁剪好的视频拖到前面素材的后面,如图3-6-12所示。

图3-6-12 添加"视频2孩子奔跑"素材

Step07 导入视频素材。将时间指示器移动到"00:00:09:03"处,将"视频3泉水、视频4学生镜头、视频5上课做操、视频6学生运动"4个视频素材移到时间轴"V1"轨道上,如图3-6-13所示。

图 3-6-13　添加视频素材（一）

Step08　导入视频素材。将时间指示器移动到"00∶01∶07∶08"处，将素材"视频 7 眺望远方"移到时间轴"V1"轨道上，在"源监视器"面板上截取"00∶01∶11∶20~00∶01∶26∶18"的部分。并将素材移到"视频 6 学生运动"素材后面，如图 3-6-14 所示。

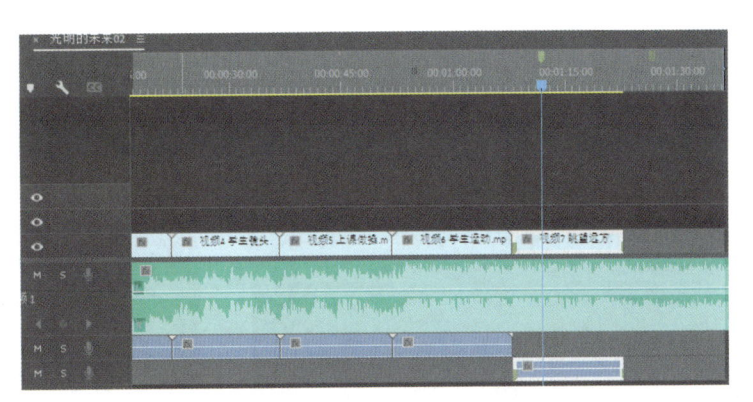

图 3-6-14　添加视频素材（二）

Step09　导入视频素材。将时间指示器移动到"00∶01∶22∶19"处，将素材"视频 8 空境、视频 9 学生、视频 10 学生、视频 11 合唱、视频 12 合唱、视频 13 外景"6 个视频素材移到时间轴"V1"轨道上，如图 3-6-15 所示。

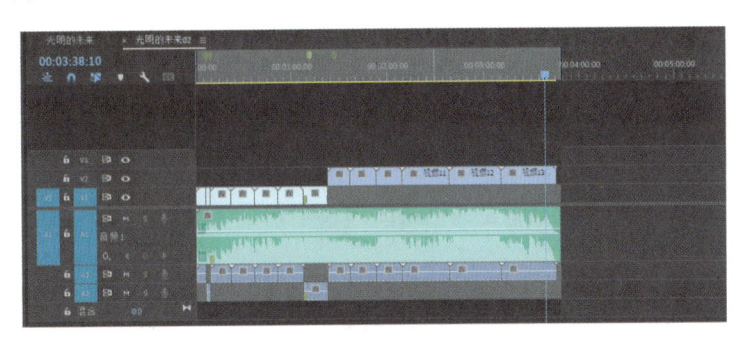

图 3-6-15　添加视频素材（三）

Step10　取消视频音频链接。框选所有的素材，单击鼠标右键，在弹出的对话框中选择"取消链接"，然后选中所有的音频，将其删除，如图3-6-16所示。

图3-6-16　"取消音频视频链接"界面

任务3　添加音效

Step01　添加人声音效。将时间指示器移动到"00：00：07：00"处，将音效素材"音效 小孩笑"添加到"A2"音频轨道上，如图3-6-17所示。展开"效果控件"面板，展开"音量"，将"级别"参数设置为 –7.5，如图3-6-18所示。

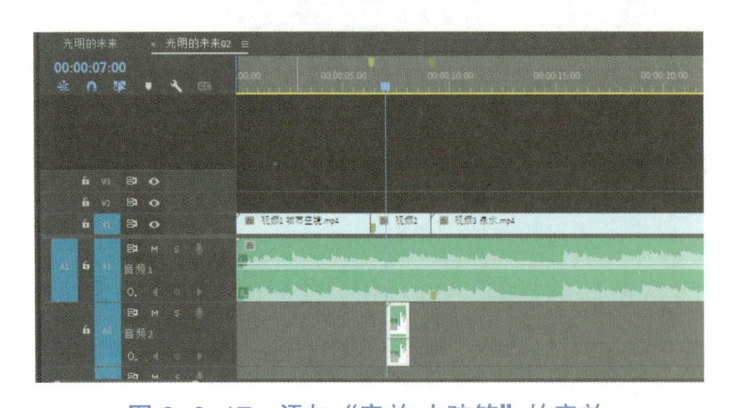

图3-6-17　添加"音效 小孩笑"的音效　　　　图3-6-18　设置"音量"参数

Step02　添加泉水音效。将时间指示器移动到"00：00：09：03"处，将音效素材"音效 泉水声"添加到"A2"音频轨道上，将时间指示器移动到"00：00：10：22"处，选择"剃刀"工具，将音效后半段裁剪删除。双击"A2"轨道，音效素材被展开，显示出音频线，将时间指示器移到"00：00：10：08"处，按住"Ctrl"键，在音效素材上点一下，添加一个关键帧，然后将时间指示器移到"00：00：10：20"处，用同样的方法添加关键帧，将此关键帧向下拉，形成"淡出效果"，如图3-6-19所示。

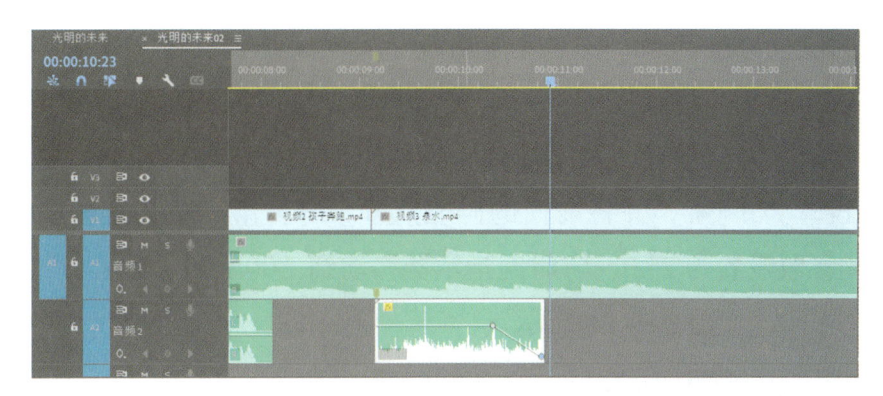

图 3-6-19　添加泉水音效素材

任务4　制作歌词

Step01　添加字幕。将时间指示器移动到"00：00：22：02"处，单击"文字"工具，在"V2"轨道添加字幕，输入第一句歌词"我有一双明亮的眼睛"，打开"效果控件"面板下面的"文本"属性里面的"变换"，位置参数设置为81.5、916.9，缩放参数为100.0，旋转参数为0.0，不透明度参数为100%，锚点参数为0.0、0.0，如图 3-6-20 所示。

图 3-6-20　歌词变换设置界面

Step02　设置歌词样式。在"效果控件面板"下面的"文本"属性中的"源文本"设置字体为"字魂220号－鸿雁手书"，字号大小设置为80.0，填充颜色为白色，添加"红色"阴影，阴影不透明度参数为93%，阴影的角度参数设置为135°，距离为7.4，大小为0.0，模糊为40.0，如图 3-6-21 所示。设置完后预览一下整体风格与画面是否匹配，可根据自己的喜好适当调整，如图 3-6-22 所示。

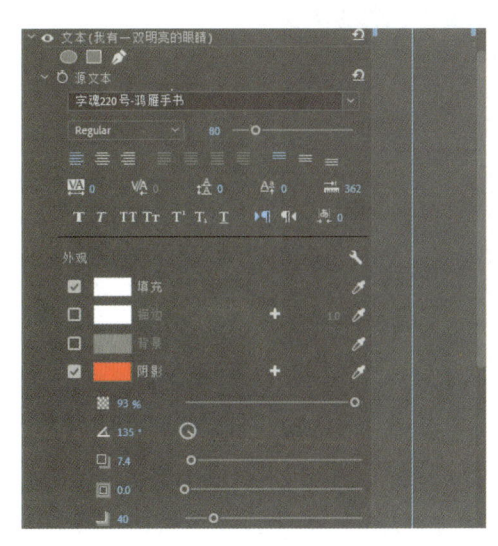

图 3-6-21　歌词样式设置界面 　　　　图 3-6-22　歌词样式定版画面

Step03　为歌词添加动画。在"效果面板"下面展开"视频"效果，找到"线性擦除"，如图3-6-23所示。将其拖到第一句歌词上面，将时间指示器移到"00：00：22：02"处，单击歌词字幕，展开"效果控件"面板下面的"线性擦除"调整参数，将"过渡完成"参数设置为100%，并将前面的码表点开，打上第一个关键帧。擦除角度设置为–90°，羽化参数设置为25.0，将时间指示器移动到"00：00：23：12"处，将"过渡完成"参数设置成0，如图3-6-24所示。

图3-6-23　添加"线性擦除"效果 　　　　图3-6-24　"线性擦除效果"设置界面

Step04　为歌词添加粒子效果。将粒子素材"金粒子（横）.mov"导入时间线"V3"轨道上，再截取"00：00：22：02~00：00：23：22"的部分，展开"效果控件"面板，展开"运动"属性，将位置参数设置为86.0、988.0，取消"等比缩放"，设置缩放高度为48.0，缩放宽度为153.0，旋转参数为0.0，锚点为960.0、540.0，防闪烁滤镜参数为0.00，如图3-6-25所示。

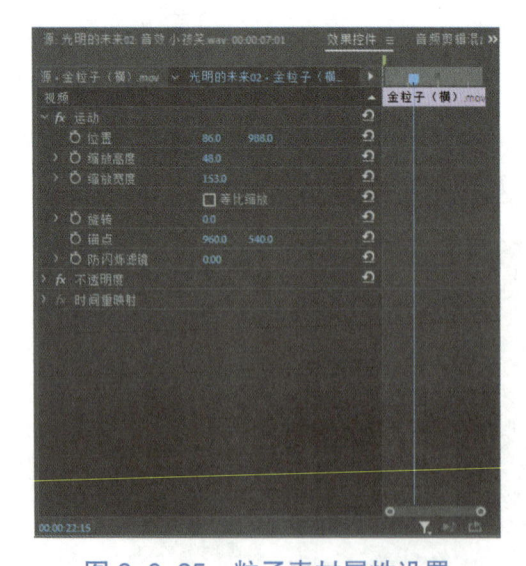

图3-6-25　粒子素材属性设置

Step05　为歌词添加光效。将光效素材"黄色灯光.mov"导入时间线"V5"轨道，将"00：00：25：23"后面的素材裁剪掉。将时间指示器移到"00：00：22：02"处，展开"效果控件"面板下的"运动"属性，将位置参数设置为197.0、965.0，单击"位置"

前面的码表，添加关键帧，将时间指示器移动到"00：00：25：22"处，将位置参数设置成 542.0、965.0，如图 3-6-26 所示。

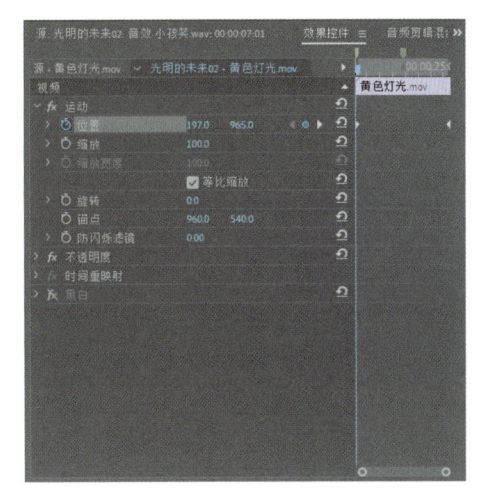

图 3-6-26　光效素材位置动画设置面板

Step06　设置歌词淡出效果。单击"A2"轨道上的字幕素材，将时间指示器移到"00：00：25：10"处，展开"效果控件"面板，展开"不透明度"的属性，将不透明度的参数设置为 100%，并单击"不透明度"前面的码表，添加第一个关键帧，然后将时间指示器移到"00：00：25：23"处，将不透明度的参数设置为 0，如图 3-6-27 所示。这样就完成了第一句歌词的设计，预览一下效果，调整一下细节，如图 3-6-28 所示。

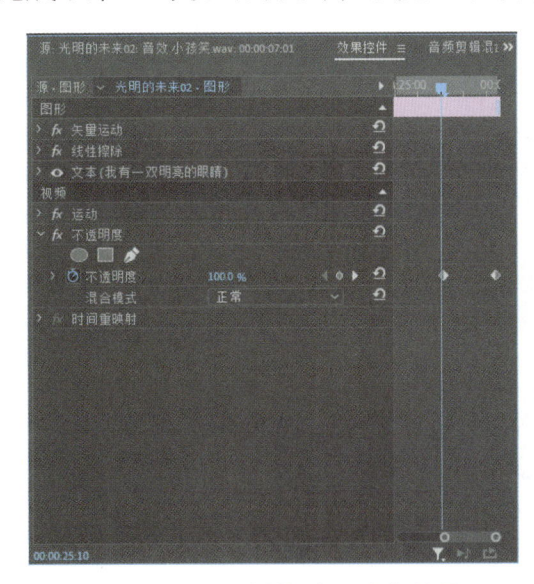

图 3-6-27　制作歌词淡出效果　　　　图 3-6-28　预览效果图

Step07　复制歌词。框选"V2、V3、V4"轨道上的素材，按住"Alt"键，拖拽到"00：00：25：23"处，这样前面的歌词就被复制了，效果设置都不用改变，双击字幕，将内容修改成"看什么都鲜亮美丽"，预览一下效果，适当调整时长，其余的字幕都按照此方法完成，如图 3-6-29 所示。

图 3-6-29　复制歌词

提示：每句歌词的时长不一样，要根据实际情况调整字幕、粒子素材和光效素材的时长，并适当调整关键帧的位置。

任务5　制作片头

Step01　制作"光"字幕。将时间指示器移到"00：00：00：00"处，选择"字幕"工具，在"监视器"面板输入"光"，在"效果控件"面板，点开"文本（光）"的属性，设置字体为"禹卫书法行书简体"，大小为270.0，填充为白色，位置为361.4、436.5，如图 3-6-30 所示。

图 3-6-30　"光"字幕设置

Step02　制作"明"字幕。单击"V2"轨道上的字幕文件，按住"Alt"键，向"V3"轨道拖拽，这样就复制了同样的一个字，双击此字幕文件，将内容修改为"明"，在"效果控件"面板，展开"文本（明）"的变化属性，设置其位置参数为548.6、653.1，如图 3-6-31 所示。

图 3-6-31　"明"字幕设置

Step03　制作"的未来"字幕。采用与步骤 2 相同的方法复制字幕文件到"V4"轨道,将内容修改为"的未来",在"效果控件"面板,展开"文本(的未来)"的属性,修改其大小参数为 150.0,设置其位置参数为 636.6、424.3,如图 3-6-32 所示。

Step04　制作英文字幕。采用与步骤 2 相同的方法复制字幕文件到"V5"轨道,将内容修改为"A Bright Future",在"效果控件"面板,展开"文本(A Bright Future)"的属性,将字体设置为"CopperplateGothic-Bold",修改其大小参数为 87.0,设置字距调整参数为 172,设置其位置参数为 683.0、534.6,如图 3-6-33 所示。制作完成后预览一下所有字幕的排版构图,可以再做细微调整,如图 3-6-34 所示。

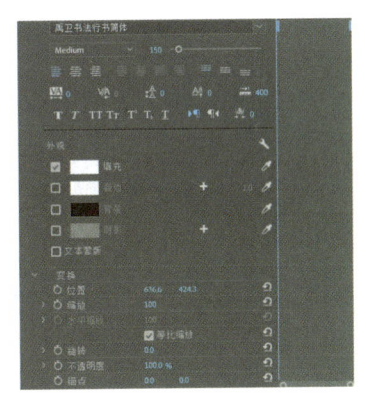

图 3-6-32　"的未来"字幕设置

图 3-6-33　英文字幕设置

图 3-6-34　预览效果图

Step05　裁剪字幕持续时间。将时间指示器移动到"00:00:04:12"处,框选"V2~V5 轨道"上的所有字幕文件,将后半段裁剪掉,如图 3-6-35 所示。

图 3-6-35　设置字幕持续时间

Step05　将字幕嵌套。框选"V2~V5 轨道"上的所有字幕文件，单击鼠标右键选择"嵌套"，在弹出的对话框中，修改嵌套名称为"片头字幕"，单击"确定"按钮，如图 3-6-36 所示。

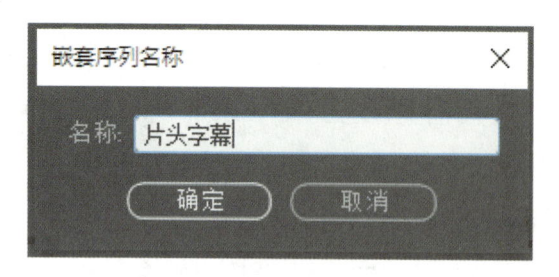

图 3-6-36　嵌套界面

Step06　为字幕添加"高斯模糊"效果。打开"效果"面板，搜索"高斯模糊"，将其拖拽到"嵌套"字幕上面，将时间指示器移到"00：00：00：00"处，在"效果"面板设置"高斯模糊"的参数，将"模糊度"设置为"170.0"，并点开前面的码表，形成第一个关键帧，将时间指示器移到"00：00：00：20"处，将"模糊度"设置为0.0，预览一下效果，如图 3-6-37 所示。

图 3-6-37　高斯模糊设置面板

Step07　为字幕添加"线性擦除"效果。打开"效果"面板，搜索"线性擦除"，将其拖拽到"嵌套"字幕上面，将时间指示器移动到"00：00：00：05"处，在"效果"面板设置线性擦除的参数，将"过渡完成"设置为55%，擦除角度设置为90°，羽化参数为80.0，并点开前面的码表，形成第一个关键帧，将时间指示器移到"00：00：01：03"处，将"过渡完成"参数设置为"0"，再次给嵌套字幕添加"线性擦除"效果，将时间指示器移到"00：00：00：05"处，在"效果"面板设置线性擦除的参数，将"过渡完成"设置为55%，将擦除角度设置为270°，羽化参数为80.0，并点开前面的码表，形成第一个关键帧，将时间指示器移到"00：00：01：03"处，将"过渡完成"参数设置为0，这样就形成了文字从中间向两边展开的效果，如图3-6-38所示。

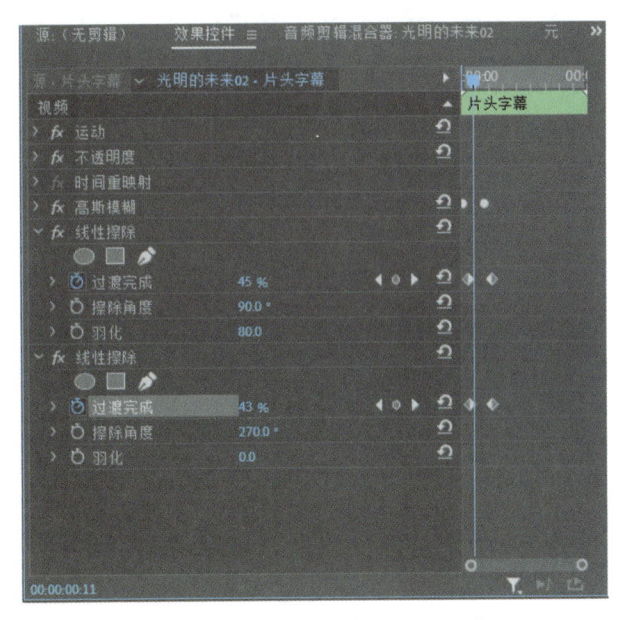

图 3-6-38　线性擦除设置面板

Step08　为字幕制作"淡出"效果。将时间指示器移到"00：00：03：20"处，打开"效果"面板，将不透明度参数设置为100%，并点开前面的码表，形成第一个关键帧，将时间指示器移到"00：00：04：12"处，将不透明度参数设置为0，预览一下效果，如图3-6-39所示。

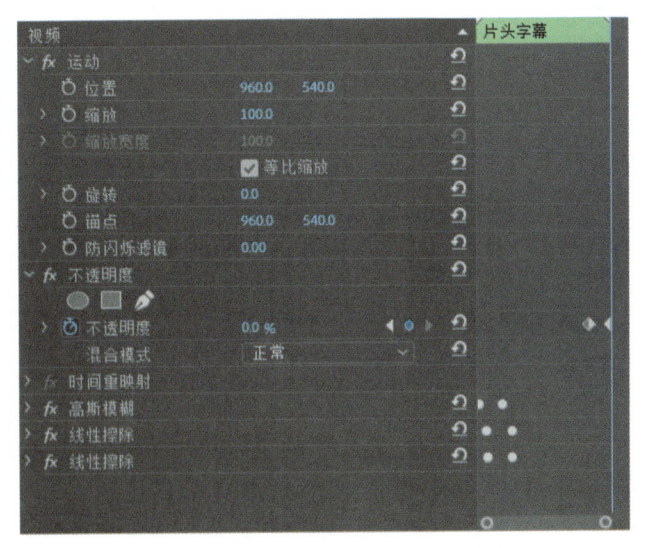

图 3-6-39　设置不透明度参数

Step09　为粒子素材设置淡出效果。将"粒子字幕"视频素材拖到"V3"轨道上，将"00：00：04：12"后面的删除掉，将时间指示器移到"00：00：04：03"处，点开"效果控件"面板，将不透明度参数设置为100%，点开关键帧码表，然后将时间指示器移到"00：00：04：12"处，将不透明度参数设置为0，如图3-6-40所示。

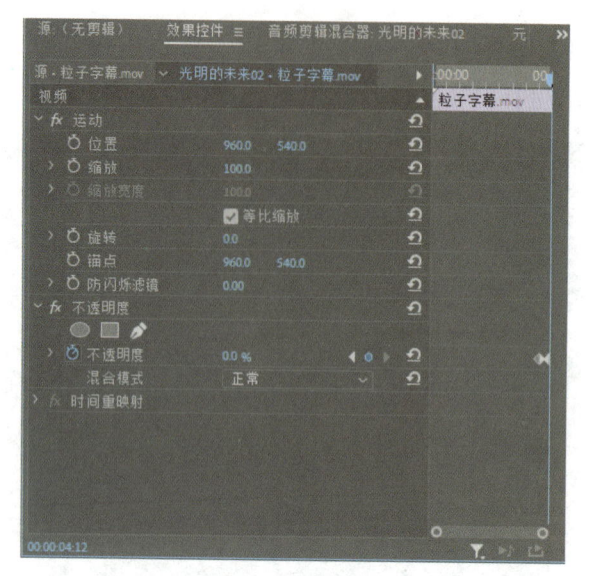

图 3-6-40 设置粒子素材"淡出"效果

任务6 推广与发布

Step01 检查整个工程文件，无误后，使用快捷键"Ctrl+M"，导出视频，如图 3-6-41 所示。

图 3-6-41 导出界面

Step01 短视频制作完成后，在抖音平台进行发布。

（1）了解网络短视频内容审核标准细则。

（2）发布之前，为自己要发布的短视频提炼有看点的标题。本短视频标题为"光明的未来"。

（3）为自己要发布的短视频制作封面，如图 3-6-42 所示。

图 3-6-42　封面

（4）登录抖音、快手、哔哩哔哩短视频平台，了解平台发布流程。

（5）了解发布推广技巧，关联相关话题，例如本案例关联"爱眼护眼、防控近视宣传片"等。关联数据指标：播放率、点赞率、评论率、转发率、收藏率。

（6）了解第三方数据分析工具：新榜、飞瓜数据、卡思数据、蝉妈妈。

在发布阶段，创作者要做的工作主要包括选择合适的发布渠道、各渠道短视频数据监控和渠道发布优化。只有做好这些工作，短视频才能够在最短的时间内打入新媒体营销市场，迅速地吸引用户，进而提高知名度。

发布建议：对本项目而言，所制作的短视频应选择以横屏短视频为主的平台进行发布；发布时间尽量选择早上 7：00—8：00、中午 12：00—13：00、晚上 18：00—20：00，即用户碎片时间较多的时间段；发布的文案及标签体现"科技""创新""人工智能"等关键词。

6.3　项目评价

分类	指标说明	完成情况
视频制作	准确创建项目、序列并命名	☆☆☆☆☆
	能将不同景别的素材进行巧妙搭配	☆☆☆☆☆
	能熟练设置字幕样式，风格与排版美观	☆☆☆☆☆
	能熟练运用"线性擦除、高斯模糊"等视频效果	☆☆☆☆☆
音频制作	能根据 MV 音乐节奏调整画面节奏	☆☆☆☆☆
	能调整好背景音乐、音效等多种声音的层次感	☆☆☆☆☆
	能为画面添加烘托气氛的音效	☆☆☆☆☆

6.4 项目总结

6.4.1 思维导图

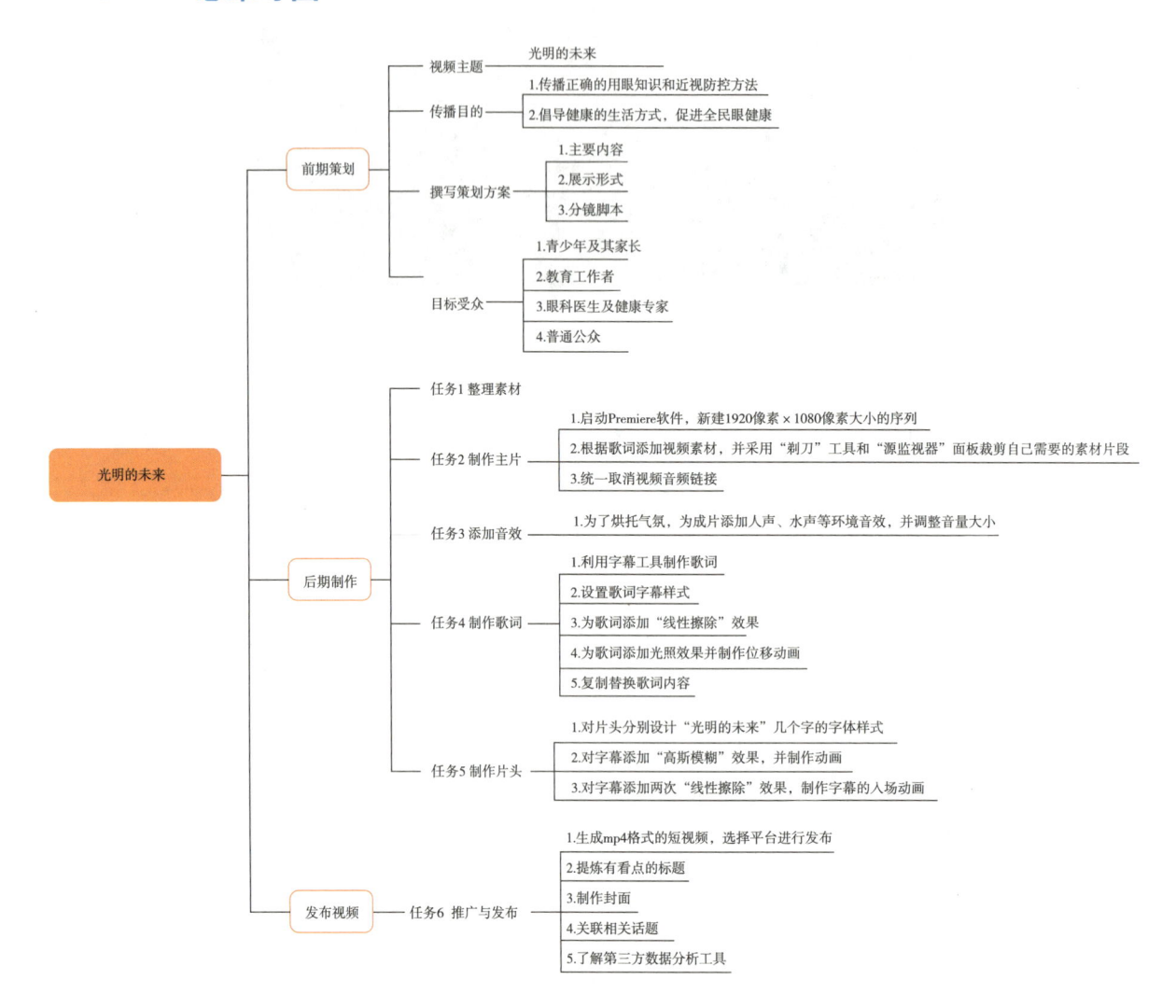

```
光明的未来
├── 前期策划
│   ├── 视频主题 —— 光明的未来
│   ├── 传播目的
│   │   ├── 1.传播正确的用眼知识和近视防控方法
│   │   └── 2.倡导健康的生活方式，促进全民眼健康
│   ├── 撰写策划方案
│   │   ├── 1.主要内容
│   │   ├── 2.展示形式
│   │   └── 3.分镜脚本
│   └── 目标受众
│       ├── 1.青少年及其家长
│       ├── 2.教育工作者
│       ├── 3.眼科医生及健康专家
│       └── 4.普通公众
├── 后期制作
│   ├── 任务1 整理素材
│   ├── 任务2 制作主片
│   │   ├── 1.启动Premiere软件，新建1920像素×1080像素大小的序列
│   │   ├── 2.根据歌词添加视频素材，并采用"剃刀"工具和"源监视器"面板裁剪自己需要的素材片段
│   │   └── 3.统一取消视频音频链接
│   ├── 任务3 添加音效 —— 1.为了烘托气氛，为成片添加人声、水声等环境音效，并调整音量大小
│   ├── 任务4 制作歌词
│   │   ├── 1.利用字幕工具制作歌词
│   │   ├── 2.设置歌词字幕样式
│   │   ├── 3.为歌词添加"线性擦除"效果
│   │   ├── 4.为歌词添加光照效果并制作位移动画
│   │   └── 5.复制替换歌词内容
│   └── 任务5 制作片头
│       ├── 1.对片头分别设计"光明的未来"几个字的字体样式
│       ├── 2.对字幕添加"高斯模糊"效果，并制作动画
│       └── 3.对字幕添加两次"线性擦除"效果，制作字幕的入场动画
└── 发布视频 ── 任务6 推广与发布
    ├── 1.生成mp4格式的短视频，选择平台进行发布
    ├── 2.提炼有看点的标题
    ├── 3.制作封面
    ├── 4.关联相关话题
    └── 5.了解第三方数据分析工具
```

6.4.2 举一反三

一、填空题

1.创作"爆款"短视频的关键是（　　）。

2.影视剪辑的流程包括（　　）、（　　）、（　　）、（　　）、（　　）。

3.2019年1月，（　　）发布《网络短视频平台管理规范》和《网络短视频内容审核标准细则》，为规范短视频传播秩序提供了切实依据。

4.景别一般分为5种，由远及近分别为（　　）、（　　）、（　　）、（　　）（　　）。

5.Premiere中，为视频素材添加效果后，该效果的控件会在（　　）面板中显示。

二、上机实训

请对《光明的未来》MV加上片尾，制作要求如下：

1.片尾字幕设计构图排版要合理、美观。

2. 片尾需要简洁明了，突出宣传片的主题，让观众能够快速地理解宣传片的内容。

3. 片头和片尾需要搭配合适的音乐，能够与画面内容相匹配，增强观众的视听体验，达到良好的传播效果。

4. 片尾需要运用适当的视觉效果，如动画、特效等，增强视觉冲击力和观赏性，让 MV 更加生动有趣。

5. 片尾与粒子素材巧妙搭配。样例截图如图 3-6-43~ 图 3-6-45 所示。

图 3-6-43　样例截图（一）　　图 3-6-44　样例截图（二）

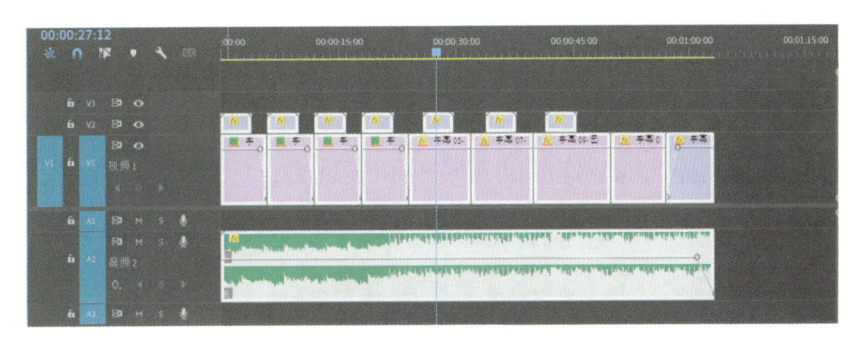

图 3-6-45　样例截图（三）

扫码看样片　　扫码看微课

6.5　关键技能

6.5.1　MV 剪辑技巧分析

1.MV 的制作一定要有设计意图

一部成熟的 MV，一定不能是胡乱堆砌镜头的作品。从头至尾所有的镜头一定要有一条主线贯穿起来，如果镜头像一盘散沙毫无章法，那一定是一部没有凝聚力的作品。

2.MV 要有"编辑感"

MV 要和歌词相吻合，不能一个镜头压好几句歌词，十几秒甚至二十秒都不换画面，画面与音乐不能是脱节的。

3.MV 要注意音乐与画面的节奏相结合

音乐的节奏与画面切换的节奏要协调。所选取音乐的节奏决定了整部 MV 的风格与基调，在拼镜头的时候，要完全遵循音乐的节奏来控制画面切换的快慢，这样给人的感觉才是协调的、舒服的。

音乐的节奏与画面内部节奏要协调。什么是画面的内部节奏呢？就是画面中人物的活动速度或是运动镜头的运动速度。比如，在一段很舒缓的音乐背景下，画面中的人物却在风驰电掣地舞剑，这就显得很不协调，办法很简单，手工调节画面的速度即可。

学会把握音乐重音，可以称为"踩点"。制作 MV 并不是仅仅把画面对上音乐就行，一定要考虑画面本身的内容、节奏、人物的动作等因素，再配以选取得当的音乐，这样才能真正做到音乐和画面的灵魂合二为一，总之一句话，快要快得有理，慢要慢得有理。

镜头的转场要谨慎。一般来说，转场分为无技巧转场和技巧转场两大类。利用空镜头可以使 MV 更出彩。

要学会进行色调、色饱和度、对比度、明暗度的合理搭配。学会改造画面，具体包括画面的水平或垂直翻转、画面的长宽比例调节、利用遮罩来选取画面中的某部分、去除画面中的歌词字幕等。

特效的运用可以大大提高 MV 作品的观赏性和表现力，因此要合理运用特效，尤其是当镜头的精品剪辑与特效的合理运用结合在一起时，这样的 MV 作品应该就是精品中的精品了。

4. 剪辑镜头要注意近景、中景、远景的巧妙搭配

所谓景别，指的是被摄主体和背景在画面中呈现的范围，通过主体在画面中所呈现的特点范围，传递或转达某种具体含义的画面语言。景别一般分为远景、中景、近景和特写，设想一下，如果在一部 MV 中，人们看到的都是大全景，人物所处的背景倒是看清楚了，可是人物在整个画面中只有一点，动作、表情都看不清楚，会让人感觉很沉闷；反过来，如果人们看到的都是一张张硕大的面部特写，表情倒是看清楚了，可是会让人产生喘不过气来的感觉。所以，在决定一些镜头的取舍时，一定要合理考虑景别的因素，做到远景、中景、近景错落有致，这样才会让整部 MV 作品更具欣赏性。

5. 要注意画面本身的张力

任何一个镜头，其本身都有一定张力，这种张力就是画面本身的表现力，或者说，就是它带给观众的感染力。比如，同样时间长度的镜头，静止的画面和武打的画面相比较，武打的画面更有张力，如果所配的音乐是快节奏的，武打的画面就可以切换得慢一些，因为镜头本身的内在节奏已经很快，而静止的画面却要快速切换，以保持和音乐节奏的统一。在组合镜头时，好多组男女主角深情地对望之后，不妨插入一个热烈的拥抱；好多组激烈的武打之后，不妨插入一个收剑入鞘；好多组痛苦的表情之后，不妨插入一个淡然的微笑。以上的例子都来源于 MV 创作者对镜头内在张力的把握。

6. 镜头组合要遵循"动接动""静接静"的原则

所谓"动接动""静接静",指的就是运动镜头要接运动镜头,固定镜头要接固定镜头。推、拉、摇、移、甩都属于运动镜头,而机位静止不动的则属于固定镜头,注意,机位静止不动并不等同于镜头中的人物和景物静止不动,只是我们观察事物的视角不变。此外,还有"静接静""动接动"、固定镜头中运动物体的剪接规律。

6.5.2 案例要点

(1)要想替换字幕文件,可以采用的方法是按住"Alt"复制素材,而不是运用"Ctrl+C 和 Ctrl+V",那样后面的文字修改后被复制的文字也跟着修改了。

(2)粒子素材与字幕动画的节奏要匹配,字幕动画的设置应与粒子素材一致,这样才能达到真实效果。

(3)理解歌词大意,选取对应的画面。例如"我有一双明亮的眼睛",所匹配的画面是小孩的眼睛素材,如图 3-6-46 所示,而不是风景或者其他素材。

图 3-6-46 样例截图

学思践悟

剪辑是由"剪"和"辑"两部分组成的。在胶片时代,"剪"是真的用剪刀来剪,对每一段录像都要做标记。在数字化时代,剪辑已经艺术化,是对视频的二次创作。

以经典电影《教父》中的一段对话场景为例,这场戏发生在两位角色之间,他们在昏暗的房间里交谈。剪辑师通过精心剪辑,运用不同角度和景别的镜头,将对话内容、角色表情以及房间环境完美地融合在一起。随着对话的深入,剪辑师巧妙地运用镜头切换和画面组接,营造出紧张而充满张力的氛围。观众能够清晰地感受到角色之间的权力斗争和紧张关系,从而更加深入地理解故事情节和角色性格。

这个例子生动地展示了剪辑的意义。通过剪辑,原本平淡的对话场景变得充满戏剧性和感染力,观众能够更加深入地体验到影片所传达的情感和意境。可以说剪辑是影视制作中不可或缺的一环,对于提升影片质量和观众体验具有重要的作用。

思考:

1.通过对本教材的学习,请谈谈你对剪辑有哪些新的认识。

2.结合本教材工作项目,谈谈你对短视频剪辑师职业的理解。

3.团队或个人规划选题,设计制作一个短视频作品,发布到短视频平台个人账号。